GLOBAL CONVENIENCE FOOD · CAN

CAN통조림

425
SPANISH OLIVES
SEVILLE
PREMIUM
SPANISH BLACK OLIVES
PITTED
SPAM
Classic

SPANISH OLIVES
PITTED
Nutrition Facts
ConAgra Foods
NATURAL TASTE OF SALMON
100% 자연산 연어

C O N T E N T S

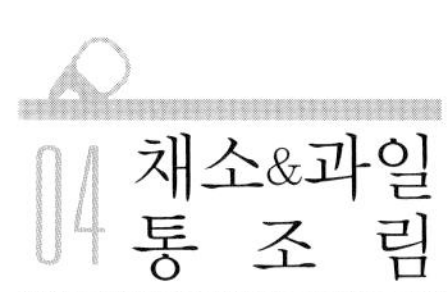

04 채소&과일 통조림

05 빈 캔을 활용한 인테리어 소품

The Authentic Quality
SPAM
Classic
340 g
샘표
고등어
신선한

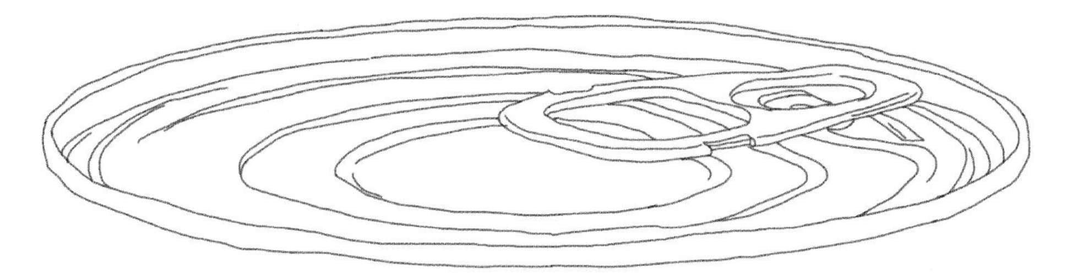

통조림,
색다른 요리로 변신할 수 있는
매력적인 아이템입니다.

한 TV 프로그램에 나오는 것처럼 지금 당장 우리 집 냉장고나 부엌에 있는 재료만으로 음식을 만들어야 한다면 어떨까요? 미리 손질되어 있어 바로 조리할 수 있으며, 어느 정도 간이 배어 있는 재료를 고르면 수월하겠지요. 이런 조건을 가장 충족하는 아이템을 꼽자면 통조림이 아닐까 합니다.

다양한 통조림이 마트에서 우리를 유혹하지만 바쁜 일상 속에서 늘 먹던 통조림, 늘 먹던 레시피에 손이 가기 마련이지요. 요리를 좋아하는 사람에게 새로운 재료로 요리하는 건 신선한 즐거움이지만 익숙한 재료로 전에는 시도하지 않았던 요리를 만들어 보는 것도 색다른 경험이 될 것입니다.

이 책은 우리가 통조림으로 흔히 만들어 먹는 익숙한 레시피뿐만 아니라 동서양의 일품요리를 응용한 레시피도 소개하고 있습니다. 사람들이 가장 많이 애용하는 통조림 19가지를 선별해 각각의 통조림으로 만들 수 있는 단품요리, 반찬, 디저트 등 다양한 메뉴로 구성했습니다. 근사한 요리를 만들기엔 재료가 번번찮다고 지레 포기했다면 이제 간편한 통조림으로 가볍게 시도해 보는 건 어떨까요?

책 속 레시피는 2인분을 기준으로 했으며, 재료를 아이콘으로 표시해 한눈에 확인할 수 있도록 했습니다. 팁에는 각 요리에서 대체할 수 있는 재료, 조리 과정에서 유의해야 할 사항 등을 꼼꼼하게 표시했습니다.

통조림, 부재료, 가니쉬, 요리 분량

계량 단위는 계량스푼과 계량컵을 기준으로 표시했는데 **1큰술은 15㎖**(밥숟가락 1+1/2숟가락 정도), **1작은술은 5㎖**(밥숟가락 1/2숟가락 정도)이며, **1컵은 200㎖**(종이컵 1컵은 180~190㎖)입니다.

요리 레시피는 **해산물 통조림**으로 만드는 요리, **고기&곡물 통조림**으로 만드는 요리, **채소&과일 통조림**으로 만드는 요리로 나누었습니다.

책 앞부분에는 레시피에 활용된 통조림을 소개하고, 통조림 구입 요령과 보관법, 통조림을 더 건강하게 먹는 방법, 세계의 특이한 통조림 등 통조림에 관한 정보를 다루었습니다. 또한 책 뒷부분에는 빈 캔을 활용해 만들 수 있는 인테리어 소품 만드는 법 몇 가지를 수록했습니다.

ConAgra Foods
Hunt's
Whole Peeled
Plum Tomatoes
OLIVES
Del Monte
Nutrition Facts

01 통조림 이야기

마트에 가면 다양한 통조림이 우리를 유혹하지만 늘 먹던 통조림에 손이 가기 마련이다. 익숙한 통조림을 더 맛있게 요리하는 법을 배우기 전에 사람들이 가장 많이 먹는 통조림을 소개하고, 구입 요령부터 보관법 그리고 통조림을 더 건강하게 먹는 방법까지 알아보자.

게살
삶은 게살은 부드러운 식감에 간간하면서도 달큼한 맛이 있어 다양한 요리에서 두루 활용되고 있다.

참치
양질의 단백질과 비타민B와 E 등의 영양 성분이 풍부하고 고소한 맛에 칼로리와 지방이 낮아 다이어트 식품으로 적합하다.

꽁치
청어·고등어와 함께 등푸른생선으로 손꼽히는 꽁치는 자잘한 가시가 많은데 통조림 제품을 활용할 경우 가시까지 통째 먹을 수 있다.

안초비
멸치과에 속하는 작은 물고기로 머리와 내장, 가시를 제거해 소금에 절여 숙성한 뒤 병이나 캔에 담고 올리브유에 담가 먹는 저장 음식이다.

골뱅이
고단백, 저지방인 데다
쫀득쫀득한 식감이 일품이며,
통조림 제품에는 내장이
제거되어 있어 요리하기
간편하다.

고등어
오메가3 지방산이 풍부하며
내장에 효소가 많아 잡자마자
부패가 시작된다.
내장 손질이 번거롭다면
통조림 제품을 사용해 보자.

연어
담백하면서도 감칠맛이 있으며
양질의 단백질과 단백질 흡수를
돕는 비타민B2·B6를 많이
함유하고 있다.

고기&곡물
통조림

팥
팥을 물과 함께 끓여 팥알이 터질 때까지 푹 끓인 뒤, 팥물이 졸아들면 설탕과 소금을 넣고 한 번 더 졸여서 만든다.

스팸
1937년 미국의 한 식품업체가 햄을 깡통에 밀봉해 팔기 시작한 것이 오늘에 이르렀다. 짠맛이 매우 강해 간을 할 때 주의해야 한다.

옥수수
스위트콘이라는 옥수수 품종으로
만든 것인데, 이름과 달리
일반 옥수수에 비해 당도가
떨어지기 때문에 식염과 당분을
첨가해 만든다.

병아리콩
중동에서 재배하기 시작했으며,
생김새가 병아리 머리를
닮았다 하여 병아리콩이라
부른다. 밤과 비슷한 맛에
'밭에서 나는 소고기'라
불릴 정도로 영양소가 풍부하다.

닭가슴살
단백질이 풍부한 닭고기 중
지방이 가장 적은
부위를 가공해 만든 것으로
다이어트에 좋으며 부드럽고
담백하다.

채소&과일 통조림

토마토

껍질이 벗겨져 있어 다양한 요리에 간편하게 사용할 수 있는데, 특히 오랜 시간 끓여야 하는 수프나 스튜에 활용하기 좋다.

복숭아

껍질과 씨를 제거하고 손질한 복숭아 과육을 데친 뒤 설탕 시럽과 함께 캔에 밀봉해 만든다. 황도와 백도 두 종류가 있다.

파인애플

파인애플을 수확과 동시에 가공해 껍질과 심, 뿌리 등을 제거한 뒤 먹기 좋은 크기로 잘라 설탕 시럽과 함께 캔에 담아 만든다.

밤

밤은 의외로 5대 영양소를 모두 갖춘 완전식품이다. 통조림 제품은 밤을 삶은 다음 설탕 시럽에 절인 것으로, 제과·제빵에 두루 쓰인다.

코코넛밀크

야자나무 열매인 코코넛 과육에서 진액을 분리해 만든 것으로 동남아 요리에 많이 사용되며, 부드럽고 달콤해 제과·제빵에도 많이 쓰인다.

죽순

특유의 단맛과 아삭한 식감이 특징이며 육류, 해산물, 채소 등 다양한 식재료와 잘 어울려 한식, 중식, 일식에 두루 쓰인다.

올리브

올리브 열매는 쓴맛이 있어 생으로 먹기보다 알칼리성 용액에 담가 쓴맛을 유발하는 성분을 제거한 뒤 소금물에 발효시켜 통조림이나 병조림으로 먹는다.

세계의 특이한 통조림

❶ 돼지 뇌 통조림 미국

콜레스테롤 함유량이 무려 3,200mg에 육박하는 이 통조림은 돼지의 뇌, 우유, 각종 조미료를 가공해 만든 것으로 닭간과 비슷한 맛인데, 주로 스크램블 에그를 먹을 때 토핑으로 곁들여 먹는다고 한다.

❷ 아티초크 통조림 페루

아티초크는 독특하게도 꽃봉오리를 주로 식용으로 쓰는 식물로 서양의 불로초라 불린다. 지구상에서 안토시아닌이 가장 풍부한 식품으로 알려져 있다. 샐러드나 파스타, 고기 등에 곁들여 요리하기 좋다.

❸ 푸아그라 통조림 프랑스

프랑스어로 '살찐 간', '기름진 간'을 뜻하는 푸아그라(foie gras)는 오리나 거위의 간을 우유, 와인, 물에 담갔다가 여러 가지 향신료를 섞어 풍미를 낸 것으로 식감과 향이 버터와 비슷하다고 한다.

❹ 정어리 통조림 포르투갈

포르투갈의 찬란한 해양 역사를 자랑하는 아이콘으로써의 변화를 꾀하며 국민식품인 정어리 통조림에 현대적인 디자인을 입혔다. 그래서 특이하게도 기념품 가게나 미술관 아트샵에서도 구매할 수 있다.

❺ 수르스트뢰밍 통조림 스웨덴
청어를 두 달 이상 발효시켜 만드는데, 캔을 따는 순간 고약한 악취가 나기로 유명하다. 일반 통조림과 달리 살균을 전혀 하지 않아 캔 속에서도 계속해서 발효가 일어난다.

❻ 방울토마토 통조림 이탈리아
피자와 파스타의 나라답게 토마토 통조림도 종류별로 매우 다양하다. 각종 소스나 샐러드에 넣어서 먹을 수 있다.

❼ 양고기 통조림 중국
양고기를 쪄서 간 다음 각종 향신료와 녹말, 소금을 넣어 만든 할랄 인증 통조림이다. 수프나 볶음밥 등에 넣어 먹기 좋다.

❽ 전갈 통조림 태국
위생적으로 가공한 구운 전갈이 통째로 들어 있는 통조림으로 바베큐향을 가미했다.

❾ 빵 통조림 일본
미국 나사에서도 우주 식량으로 인정받았다. 빵 하나가 통째로 들어 있어 캔을 따면 빵 냄새가 바로 올라오며, 부드럽고 촉촉하다. 지하철역 등에 자판기로도 많이 비치되어 있어 출·퇴근 시에 사 먹는 직장인들이 많다고 한다.

The Authentic Quality

통조림,
더 건강하게 먹기

통조림 속에는 내용물과 함께 다양한 식품첨가물이 들어간다. 통조림에 들어가는
첨가물의 종류와 효과 그리고 통조림을 좀 더 건강하게 먹는 방법에 대해 알아보자.

소금물

해산물 통조림을 만들 때 원료를 그대로 삶거나 찐 뒤 캔에 넣고, 소량의 소금물을 담아 밀봉한 다음 가열·살균하여 제품을 만든다. 염분이 방부제 역할을 해 보존성이 높아지고, 삼투압 작용으로 재료에서 수분이 빠져나가면서 맛이 응축된다. 그러나 짠맛이 많이 배여 있으므로 내용물은 가능하면 물기를 뺀 뒤에 조리하는 게 좋고, 칼륨이 풍부한 채소(오이, 감자, 당근, 양배추, 토마토, 시금치, 버섯 등), 콩류, 견과류, 해조류와 함께 먹으면 체내에 쌓인 염분을 배출하는 데 도움이 된다.

식물성 기름

해산물, 가공육, 익힌 채소 통조림을 만들 때 재료를 기름에 절여 공기와의 접촉을 막음으로써 보존성을 높이는데 내용물을 좀 더 담백하게 섭취하고 싶다면 기름을 빼고 조리하도록 한다. 통조림 내용물은 체에 밭쳐 기름을 뺀 뒤 부피가 큰 내용물은 칼집을 낸 다음 뜨거운 물에 살짝 데치고, 부피가 작은 내용물의 경우 뜨거운 물을 끼얹으면 기름과 첨가물 대부분을 줄일 수 있다. 통조림 햄의 경우 뚜껑을 땄을 때 윗부분에 응고된 기름 덩어리는 잘라 내고 요리하는 게 좋다. 요리할 때 마늘, 파, 양파, 생강, 깻잎 등 향신채를 함께 볶거나 구우면 비릿한 냄새를 잡고 풍미를 더할 수 있다.

당류·시럽

과일 통조림의 경우 물과 설탕 시럽, 과즙이 섞여 있어 각종 디저트에 활용하기 좋다. 하지만 착색료와 같은 식품 첨가물이 함유돼 있고, 당류에 졸여 고칼로리이므로 너무 많이 마시지 않는 게 좋다. 또한, 개봉한 뒤 바로 먹지 말고 물에 한 번 헹궈서 먹는 것도 좋은 방법이다.

식품 첨가물

통조림에서 가장 일반적으로 많이 쓰이는 식품첨가물은 착색제 역할을 하는 아질산나트륨과 보존제 역할을 하는 소르빈산칼륨으로, 햄이나 해산물을 가공한 통조림에 많이 들어 있다. 통조림에 사용하는 착색제 대부분은 수용성이므로 내용물을 체에 밭쳐 물기를 뺀 뒤 뜨거운 물을 끼얹거나 살짝 데쳐 먹으면 첨가물을 80% 이상 제거할 수 있다.

통조림 **구입 요령**

평범한 재료로 쉽고 빠르게 만드는 레시피가 인기를 끌면서 통조림 제품에 관한 수요가 높아지고 있다. 겉보기엔 다 비슷한 통조림일지라도 좀 더 똑똑하게 구입하는 노하우를 알아두자.

01 한번 살 때 묶음으로 사 두는 게 실속 있다.

보관 기간이 길고 상온에 보관할 수 있는 통조림은 낱개로 사기보다 한번 살 때 여러 개 장만해 두는 것이 좋다. 그러나 마트에서 파는 묶음 상품의 경우 개당 그램 수나 가격을 따져 본 뒤 구매하도록 한다. 또한 할인 행사 상품이라 해도 유통기한이 임박한 제품을 묶어서 파는 경우도 있으니 주의하자.

02 성분표를 확인하고 첨가물과 지방 함량이 적은 것을 고른다.

같은 종류의 여러 제품이 있을 경우 라벨에 있는 성분표를 확인하고, 어떤 식품 첨가물을 사용하는지 꼼꼼히 비교한 뒤 첨가물과 지방 함량이 적은 것을 고르도록 한다. 참치, 꽁치, 연어 통조림 등은 보존성을 높이고 식감을 부드럽게 하기 위해 카놀라유와 같은 식물성 기름을 넣는데, 요즘은 올리브유나 포도씨유 등 몸에 좋은 기름을 쓰거나 기름 함량이 적은 제품도 내놓고 있다.

03 뚜껑과 바닥이 오목한 것을 고른다.

뚜껑이 부풀어 있고 손가락으로 눌러도 원형으로 돌아오지 않는 것은 상했을 가능성이 크다. 또한 캔이 찌그러지거나 녹이 슬었다면 캔 내부의 코팅이 벗겨져 내용물이 환경호르몬이나 중금속으로부터 오염되었을 수 있으므로 구입하지 않도록 한다.

04 제조일로부터 3~6개월 사이의 것을 산다.

통조림은 내용물과 조미액을 함께 넣어 밀폐한 뒤 가열·살균하는데, 조리와 살균을 동시에 하는 경우가 많다. 따라서 갓 만든 통조림은 재료와 조미액이 골고루 섞이지 않아 어느 정도 숙성된 통조림에 비해 맛이 덜하다. 이러한 열처리 과정에서 캔 내부에 '퓨란'이라는 유해 물질이 발생하는데, 뚜껑을 열고 10~15분 정도 두면 날아가므로 안심해도 된다.

SPANISH OLIVES
SEVILLE
PREMIUM
BLACK OLIVES
PITTED

통조림에 관한 Q&A

아무리 보존성이 뛰어난 통조림 제품이라 해도 어떤 식재료와 마찬가지로 유통기한과 보관법을 잘 숙지해야 한다. 더불어 먹다 남은 통조림을 보관하는 법도 기억해 두자.

01 통조림의 유통기한은 얼마일까?

통조림은 가열 · 살균 · 밀봉 과정을 거치기 때문에 유통기한이 길고, 특히 참치 통조림의 경우 3~5년까지 보관할 수 있다고 한다. 하지만 제조한 지 오래된 통조림은 캔 내부가 부식되어 금속 냄새가 나며, 내용물의 신선도가 떨어지므로 통조림 제품은 가급적 제조일로부터 2~3년 이내에 먹는 것이 좋다.

02 통조림, 어떻게 보관할까?

통조림 제품은 라벨에 표시된 사항에 따라 보관하는 것이 좋은데, 대부분 실온에서 보관하도록 제조된 것이 많다. 서늘하고 건조한 곳에 두고, 가스레인지 주변과 같이 고온에 노출되는 장소는 피해야 한다.

03 먹다 남은 통조림은 어떻게 할까?

개봉한 뒤 오래 두면 캔 내부의 주석 성분이 녹아 내용물이 변질될 수 있으므로 개봉한 제품은 가능하면 빨리 먹도록 한다. 한 번에 다 먹지 않을 경우 오염되지 않도록 먹을 양만큼만 따로 덜어 사용한다. 남은 내용물은 캔에 다시 넣지 말고, 유리나 플라스틱 밀폐용기에 담아 냉장 보관하며, 3일 안에 먹는 것이 좋다. 참치 통조림의 경우 내용물을 밀폐용기에 넣고 랩을 씌워 전자레인지에 30초~1분간 가열해 식힌 뒤 냉장고 넣으면 살균 효과가 있어 좀 더 오래 먹을 수 있다.

04 햄 통조림 쉽게 따는 법

통조림 햄은 캔 내부와 밀착되어 있어 내용물을 뺄 때 모서리 부분이 부서지는 등 애를 먹곤 한다. 이럴 때 따뜻한 물에 통조림을 잠시 담가두면 햄 표면의 굳어 있던 기름이 녹아 좀 더 쉽게 빼낼 수 있다. 캔의 모서리와 옆면을 잡고 비틀면서 빼내면 훨씬 수월하다.

자연산 연어 사용
CJ알래스카연어
오메가3

02 해산물 통조림

생선 통조림을 넣고 찌개를 끓여 먹는 것이 가장 흔한 레시피일 것이다. 하지만 비린내만 잡을 수 있다면 담백한 살코기의 쓰임새는 무궁무진하다. 또한 기본적인 조미가 되어 있는 게살이나 골뱅이, 안초비 통조림도 갖가지 부재료를 더하면 훌륭한 별미 요리로 변신할 수 있다.

달콤한 파인애플과 담백한 패티

연어 파인애플 버거

연어 1캔(270g)
파인애플 2조각

패티 재료
양파 1/2개(100g)
케이퍼 1큰술
디종머스터드 1/2큰술
레몬즙 1/2큰술
크러쉬드 레드페퍼 1작은술
생빵가루 1/2컵
밀가루 2큰술
소금 1/3작은술
후추 한 꼬집

올리브유 1작은술
로메인 4장
적양파 슬라이스 2개
햄버거 빵 2개
데리야키 소스 적당량
마요네즈 적당량

01 연어를 체에 밭쳐 기름을 빼고 양파와 케이퍼를 곱게 다진다.

02 적양파는 모양을 살려 1cm 두께로 썬다.

03 볼에 **01**의 연어와 양파, 디종머스터드, 레몬즙, 크러쉬드 레드페퍼, 생빵가루, 밀가루, 소금, 후추, 케이퍼를 넣고 골고루 섞어 치댄다.

04 **03**을 2등분 해 햄버거 빵의 크기로 동그랗게 빚는다.

05 팬에 올리브유를 두르고 **04**를 올려 앞뒤로 노릇하게 구워 꺼내 놓는다.

06 **05**의 팬에 파인애플을 올려 앞뒤로 노릇하게 굽다가 데리야키 소스를 발라 1분간 더 굽는다.

07 햄버거 빵은 반으로 잘라 기름을 두르지 않은 팬에 잘린 면을 노릇하게 구워 마요네즈를 바른다.

08 **07**의 햄버거 빵 한쪽에 로메인을 얹고, **05**의 연어 패티, 데리야키 소스, 적양파, **06**의 파인애플 순으로 올린 뒤 남은 햄버거 빵으로 덮는다.

+TIP

+ 데리야키 소스는 시판 제품을 써도 되고, 직접 만들 수도 있다. 냄비에 간장, 청주, 미림 각각 2큰술, 설탕 1큰술을 넣어 설탕이 녹을 때까지 끓이면 된다.
+ 연어 패티를 구울 때는 부서지기 쉬우므로 여러 번 뒤집지 않도록 한다.
+ 취향에 따라 모차렐라 치즈나 체다치즈를 함께 올려도 잘 어울린다.

연어 파인애플 버거 만드는 법

연어를 체에 밭쳐 기름을 뺀다.

양파와 케이퍼를 곱게 다진다.

볼에 연어 패티 재료를 모두 넣고 골고루 섞는다.

6의 팬에 파인애플을 올려 앞뒤로 노릇하게 굽는다.

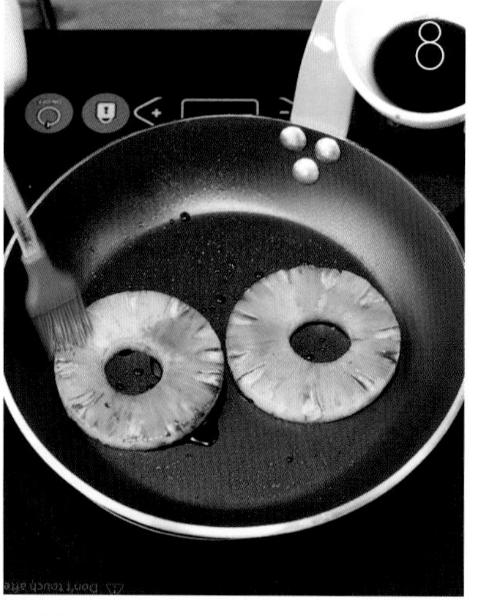

파인애플에 데리야키 소스를 발라 1분간 더 굽는다.

햄버거 빵을 반으로 자른다.

3을 치대어 2등분 한 뒤 동그랗게 빚는다.

뜨겁게 달군 팬에 올리브유를 두른다.

연어 패티를 올려 앞뒤로 노릇하게 굽는다.

빵을 앞뒤로 노릇하게 굽는다.

빵 안쪽 면에 마요네즈를 바른다.

햄버거 빵 사이에 로메인, 연어 패티, 데리야키 소스, 적양파, 파인애플 순으로 올린다.

입에서 살살 녹는

연어롤

연어 1캔(270g)

밥 420g
배합초 4큰술
↳ TIP 참조
아보카도 $^{1}/_{2}$개
크림치즈 2큰술
로메인 4장
고추냉이 마요네즈 소스 적당량
↳ TIP 참조
김밥용 김 2장
통깨 적당량

롤 2개 분량

01 밥에 배합초를 넣고 나무 주걱으로 자르듯 섞어 넓은 접시에 펼쳐서 식힌다.

02 연어는 체에 밭쳐 수분을 완전히 뺀다.

03 아보카도는 반으로 잘라 씨를 빼내고 껍질을 벗겨 0.5cm 두께로 썬다.

04 로메인은 흐르는 물에 깨끗이 씻어 종이타월로 물기를 제거한다.

05 김발 위에 랩을 깔고 김밥용 김의 $^{2}/_{3}$를 잘라 올린 다음 **01**의 밥을 촘촘히 깐다.

06 밥이 아래로 가도록 뒤집어 랩을 벗기고 다시 김발 위에 깐다.

07 중앙에 로메인 2장을 깔고 그 위에 크림치즈 1큰술, 연어, 아보카도를 올리고 김밥처럼 돌돌 만다.

08 **07**을 랩을 씌운 상태로 자르고 랩을 벗겨낸다.

09 접시에 담고 고추냉이 마요네즈 소스를 뿌린다.

+TIP

+ 배합초: 냄비에 식초 2큰술, 설탕 2작은술, 소금 1작은술을 넣고 설탕이 녹을 때까지 끓이거나 내열용기에 재료를 넣고 랩을 씌워 전자레인지에 30초간 돌려 만든다.
+ 고추냉이 마요네즈 소스: 고추냉이 1큰술, 마요네즈 2큰술, 간장 1작은술을 섞어 만든다.
+ 참치, 게살, 오이 등 다양한 재료로 응용이 가능하다.
+ 통깨 연어롤을 만들고 싶다면 과정 **07**의 롤에서 랩을 벗기고, 통깨 위에 굴려 다시 랩으로 만 뒤 10분간 둔다.

연어롤 만드는 법

볼에 밥을 담고 배합초를 넣는다.

주걱으로 자르듯이 섞어 식힌다.

아보카도는 반으로 잘라 씨와 껍질을 제거하고 5mm 두께로 슬라이스 한다.

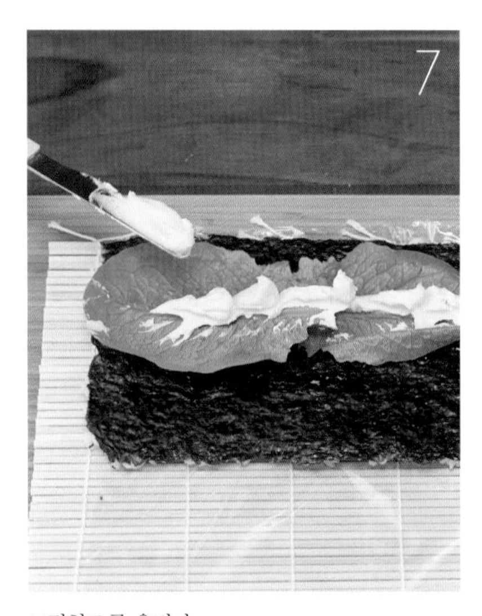

크림치즈를 올린다.

체에 밭쳐 기름을 뺀 연어를 올린다.

아보카도를 올린다.

김밥용 김의 2/3를 잘라 랩을 씌운 김발 위에 올리고, 2의 밥을 골고루 펼쳐 올린다.

4의 밥이 아래로 가도록 뒤집어 랩을 벗기고 다시 김발 위에 깐다.

중앙에 로메인 2장을 깐다.

9를 김밥처럼 돌돌 만다.

먹기 좋은 크기로 자른 뒤 랩을 벗겨 내고, 고추냉이 마요네즈 소스를 뿌린다.

치즈를 넣어 더 촉촉한

연어 달걀말이

연어 1캔(270g)

달걀 2개
마요네즈 2작은술
소금 한 꼬집
후추 약간
슬라이스 체다치즈 1장
올리브유 1큰술

01 연어는 체에 밭쳐 여러 번 뒤적거리며 기름을 완전히 뺀다.

02 슬라이스 체다치즈는 반으로 자른다.

03 볼에 달걀을 넣고 알끈을 제거한 후 01의 연어 1/2, 마요네즈, 소금, 후추를 넣고 골고루 섞는다.

04 팬에 올리브유를 두르고 3의 달걀물을 반 정도 붓는다.

05 04의 달걀물이 반 정도 익으면 슬라이스 체다 치즈를 깔고, 그 위에 01의 남은 연어 1/2을 올려 손잡이 반대편 쪽으로 돌돌 만다.

06 말아둔 달걀말이 반대쪽에 남은 03의 달걀물을 붓고 70% 정도 익으면 다시 돌돌 만다.

07 먹기 좋은 크기로 잘라 접시에 담는다.

+TIP

+ 쪽파 1대를 송송 썰어 달걀물에 넣어도 좋다.
+ 취향에 따라 마요네즈나 케첩과 곁들이면 잘 어울린다.

연어 달걀말이 만드는 법

연어는 체에 밭쳐 기름을 뺀다.

슬라이스 체다치즈를 반으로 자른다.

볼에 달걀을 넣고 알끈을 제거한 뒤 풀어 놓는다.

5의 달걀물을 반 정도 붓는다.

달걀물이 반 정도 익으면 체다치즈를 깔고, 그 위에 남은 연어 $^{1}/_{2}$을 올린다.

돌돌 만다.

달걀물에 1의 연어 $^{1}/_{2}$을 넣는다.

4에 마요네즈, 소금, 후추를 넣고 골고루 섞는다.

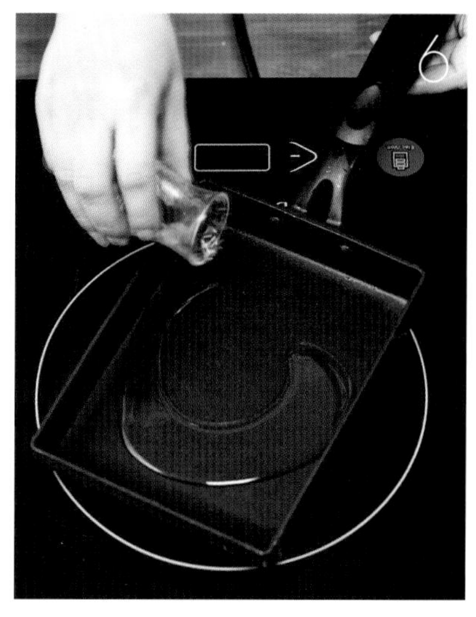

사각팬을 달군 뒤 올리브유를 두른다.

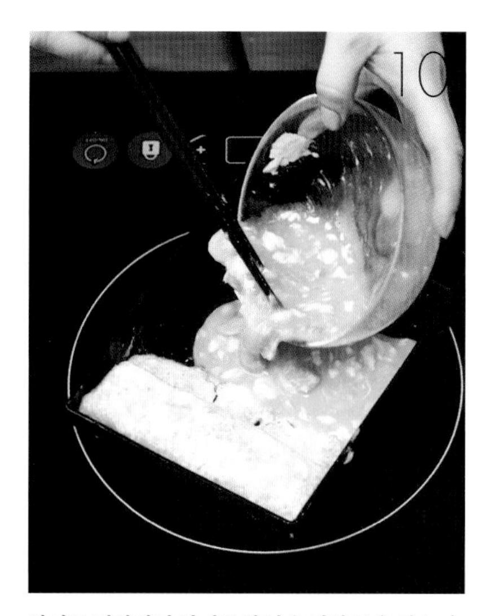

말아둔 달걀말이 반대쪽에 남은 달걀물을 붓는다.

달걀물이 70% 정도 익으면 다시 돌돌 만다.

먹기 좋은 크기로 자른다.

참치 아보카도 딥핑소스

참치 맛가루

버터처럼 발라 먹는 부드러운

참치 아보카도 딥핑소스

참치 100g

아보카도 1개
마요네즈 1큰술
올리브유 2큰술
소금 $^{1}/_{2}$작은술
후추 약간

01 참치는 체에 밭쳐 기름을 뺀다.

02 아보카도는 반으로 잘라 씨를 제거하고 껍질을 벗긴다.

03 아보카도를 포크나 스푼으로 으깬다. 아보카도가 단단하여 으깨기 어렵다면 큼직하게 자른 뒤 으깬다.

04 볼에 01의 참치, 03의 아보카도, 마요네즈, 올리브유, 소금, 후추를 넣고 골고루 섞는다.

05 생채소나 찐 채소, 구운 빵, 크래커 등을 곁들인다.

+TIP

+ 아보카도는 잘 익은 것을 사용하도록 하자. 만약 아보카도가 덜 익은 것밖에 없다면 사과 옆에 두어 속성으로 익히거나 랩을 씌워 전자레인지에 1분간 돌리면 손질하기 편한 상태가 된다.
+ 참치 통조림 대신 연어 통조림을 사용해도 된다.

참치는 체에 밭쳐 기름을 뺀다.

아보카도를 반으로 잘라 씨를 제거한 뒤 껍질을 벗긴다.

아보카도를 큼직하게 잘라 볼에 담고, 마요네즈, 올리브유, 소금, 후추를 넣는다.

골고루 섞는다.

밥이나 죽 위에 뿌려 먹는

참치 맛가루

참치 150g

간장 2큰술
미림 1큰술
설탕 1작은술
참깨 1큰술
소금 약간

01 팬에 참치와 참치 기름을 함께 붓고 중불에 참치를 풀어가며 볶는다.

02 **01**의 참치가 어느 정도 풀어지면 간장, 미림, 설탕, 소금을 넣고 약불에 저어가며 볶는다.

03 수분이 완전히 날아가면 참깨를 넣어 섞고 불을 끈다.

04 팬 위에 그대로 식힌다.

05 밀폐용기에 담아 냉장고에 보관한다.

+TIP

+ 참치에 양념이 들어가면 타기 쉬우므로 약불에 주의하면서 볶는다.
+ 참치 맛가루는 밥 위에 뿌려서 먹거나, 컵스시, 주먹밥, 볶음밥을 만들 때 사용하면 좋다. 또한 수프, 죽 등의 간을 더하고 싶을 때도 유용하다.

중불에 참치를 풀어가며 볶는다.

참치가 어느 정도 풀어지면 간장을 넣는다.

미림, 설탕, 소금을 넣고, 약불에 저어가며 볶는다.

수분이 날아가면 참깨를 넣어 섞고 불을 끈 뒤 식힌다.

고소한 크림소스가 쏙 밴

참치 크림 펜네

참치 100g

펜네 150g
시금치 100g
양파 1/4개(50g)
마늘 2쪽
생크림 1컵(200mℓ)
파르메산 치즈가루 10g
소금 약간
후추 약간
올리브유 1작은술
버터 1작은술
물 2ℓ(펜네 삶을 때)
소금 20g(펜네 삶을 때)

다진 파슬리 적당량

01 참치는 체에 밭쳐 기름을 뺀다.

02 냄비에 물을 붓고 물이 끓어오르면 소금을 넣고 펜네를 넣어 삶는다.

03 양파, 마늘, 파슬리는 곱게 다지고, 시금치는 4cm 길이로 썬다.

04 팬에 올리브유와 버터를 넣고 양파와 마늘을 넣어 중불에 노릇하게 볶는다.

05 04에 참치와 시금치를 넣고 가볍게 볶다가 생크림과 파르메산 치즈 가루를 넣고 저어가며 약불에 뭉근히 끓인다.

06 05에 펜네를 넣어 소스와 섞고 소금, 후추로 간한다.

07 그릇에 담고 다진 파슬리를 뿌린다.

+TIP

+ 파스타를 삶을 때 소금의 양은 물 양의 10%가 적당하다.
+ 건면 파스타의 경우는 포장지에 적힌 시간보다 1분 덜 삶으면 알덴테 상태의 파스타를 즐길 수 있다.

참치 크림 펜네 만드는 법

참치는 체에 밭쳐 기름을 뺀다.

냄비에 물을 끓여 소금을 넣고 펜네를 삶는다.

양파, 마늘, 파슬리를 곱게 다진다.

생크림을 넣는다.

파마산 치즈가루를 넣는다.

나무 주걱으로 저어가며 약불에 뭉근히 끓인다.

시금치는 4cm 길이로 썬다.

팬에 올리브유와 버터를 두르고 양파와 마늘을 넣어 중불에 노릇하게 볶는다.

참치와 시금치를 넣어 가볍게 볶는다.

펜네를 넣어 소스와 골고루 섞는다.

12

소금, 후추로 간한 뒤 그릇에 담는다.

달콤 짭조름한 양념을 입은

꽁치 덮밥

꽁치 1캔(400g)

밥 2공기(360~400g)
녹말가루 2큰술
간장 3큰술
설탕 2큰술
미림 2큰술
청주 3큰술
올리브유 1큰술

쪽파 적당량

01 꽁치는 체에 밭쳐 기름을 뺀다.

02 **01**에 녹말가루를 골고루 묻혀 가볍게 털어낸다.

03 팬에 올리브유를 두르고 **02**의 꽁치를 넣어 중불에 앞뒤로 노릇하게 구워 꺼내 놓는다.

04 종이타월로 팬을 닦고 간장, 설탕, 미림, 청주를 넣어 소스가 반으로 줄 때까지 약불에 졸인다.

05 **04**의 소스에 **03**의 꽁치를 넣고 앞뒤로 돌려가며 소스가 1큰술 정도 남을 때까지 약불에 졸인다.

06 볼에 밥을 담고 꽁치를 올린 뒤 남은 소스를 끼얹는다.

07 송송 썬 쪽파를 뿌린다.

+TIP

+ 시치미와 곁들여 먹어도 잘 어울린다.
+ 꽁치를 구울 때 팬을 충분히 달궈야 바닥에 눌어붙지 않는다.

꽁치 덮밥 만드는 법

꽁치는 체에 밭쳐 기름을 뺀다.

종이타월로 가볍게 눌러 물기를 제거한다.

녹말가루를 골고루 묻힌 뒤 가볍게 털어낸다.

소스에 꽁치를 넣는다.

꽁치를 앞뒤로 돌려가며 소스가 1큰술 정도 남을 때까지 약불에 졸인다.

팬을 달군 뒤 올리브유를 두른다.

3의 꽁치를 넣고 중불에 앞뒤로 노릇하게 구워 꺼내 놓는다.

5의 팬을 종이타월로 닦고 간장, 설탕, 미림, 청주를 넣어 소스가 반으로 줄 때까지 약불에 졸인다.

볼에 밥을 담고 꽁치를 올린다.

쪽파를 송송 썬다.

꽁치 위에 쪽파를 뿌린다.

바삭한 파이와 담백한 필링

꽁치 키쉬

꽁치 200g

브로콜리 50g
방울토마토 5개
양파 1/2개
달걀(중란) 3개
우유 3/4컵(150㎖)
체다 치즈 25g
소금 한 꼬집
후추 약간
올리브유 1큰술
파이생지 사방 20cm
피자치즈 20g

2개 분량

01 파이생지는 0.3cm 두께로 밀어 타르트 틀의 안쪽부터 손끝으로 눌러가며 채워 넣는다.

02 01의 바닥을 포크로 군데군데 구멍을 낸 뒤 냉장고에 넣어 30분간 휴지시킨다.

03 02를 냉장고에서 꺼내 190℃로 예열한 오븐에 약 12~15분간 노릇하게 구워 식힌다.

04 꽁치는 체에 밭쳐 기름을 뺀 뒤 볼에 담아 포크를 이용해 꽁치의 뼈를 제거하고 살은 큼직하게 떼어 낸다.

05 다른 볼에 달걀, 체다 치즈, 소금, 후추를 넣고 우유를 조금씩 넣어가며 거품기로 섞는다.

06 브로콜리는 송이송이 떼어 내고, 방울토마토는 꼭지를 떼서 반으로 자른다. 양파는 굵게 다진다.

07 팬에 올리브유를 두르고 양파를 넣어 노릇하게 볶다가 브로콜리와 방울토마토를 넣고 가볍게 볶는다.

08 03의 타르트 쉘에 04의 꽁치와 07의 채소를 골고루 담는다.

09 08에 05의 달걀물을 타르트 쉘의 90% 정도로 채운 뒤 피자치즈를 뿌린다.

10 180℃로 예열한 오븐에 25~30분간 노릇하게 굽는다.

+TIP

+ 파이생지가 없다면 식빵을 얇게 밀어 머핀 틀에 채워 파이생지처럼 사용해도 된다.
+ 과정 04에서 꽁치의 뼈는 제거하지 않아도 무방하다.

꽁치 키쉬 만드는 법

파이생지는 0.3cm 두께로 민다.

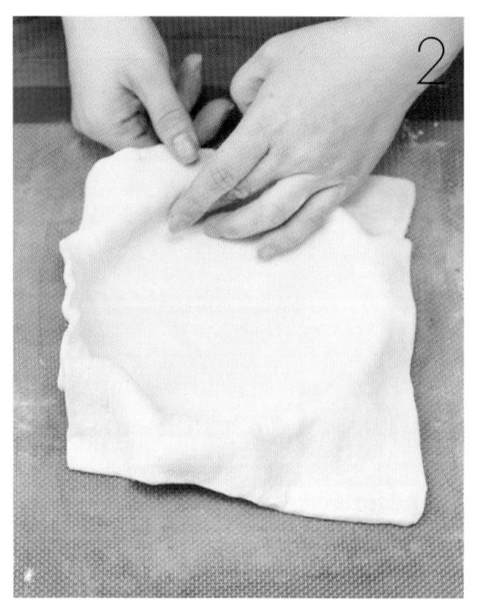

반죽을 타르트 틀 안쪽부터 손끝으로 눌러가며 채워 넣는다.

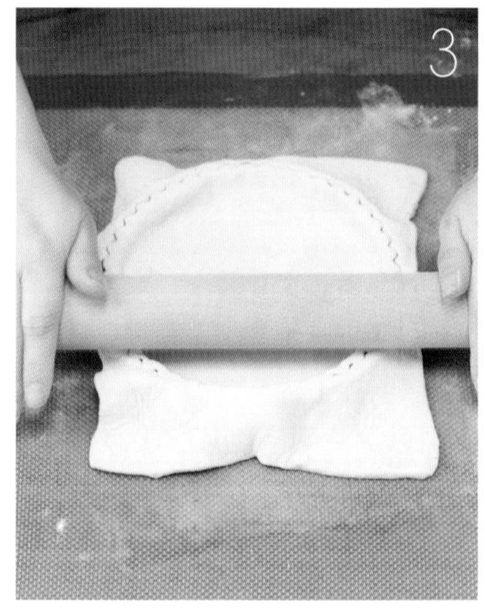

밀대로 밀어 가장자리에 삐져나온 반죽을 정리한다.

팬에 올리브유를 두르고 다진 양파를 넣어 노릇하게 볶다가 송이송이 떼어낸 브로콜리를 넣는다.

꼭지를 떼고 반으로 자른 방울토마토를 넣고 가볍게 볶는다.

6의 타르트 쉘에 기름을 뺀 꽁치를 큼직하게 떼어 올린다.

포크로 구멍을 낸 뒤 냉장고에 넣어 30분간 휴지시킨다.

4 위에 유선지를 갈고 누름돌을 넣는다.

190℃로 예열한 오븐에 약 12~15분간 구워 식힌다.

볶은 양파, 브로콜리, 방울토마토를 올린다.

볼에 달걀, 체다 치즈, 소금, 후추를 넣고 우유를 조금씩 넣어가며 거품기로 섞는다.

11의 달걀물을 90% 정도로 채운 뒤 피자치즈를 뿌리고 180℃로 예열한 오븐에 25~30분간 굽는다.

고등어 오픈샌드위치

고등어 어묵

고등어 오픈샌드위치 만드는 법

고등어 통조림은 체에 밭쳐 기름을 뺀다.

볼에 1의 고등어, 다진 양파, 마요네즈, 카레가루를 넣는다.

2를 골고루 섞는다.

바게트 슬라이스의 양면에 올리브유를 바르고 팬에 앞뒤로 노릇하게 굽는다.

슬라이스 치즈를 반으로 잘라 올린다.

5 위에 3을 펴 바르고 바질로 장식한다.

바삭거리는 바게트와 담백한 살코기의 어울림

고등어 오픈샌드위치

고등어 1/2캔(200g)

양파 1/4개(50g)
마요네즈 2큰술
카레가루 2작은술
슬라이스 치즈 4장
바게트 슬라이스 4조각

바질 잎 적당량

01 고등어 통조림은 체에 밭쳐 물기를 뺀다.

02 양파는 다져서 찬물에 10분간 담가 매운맛을 뺀 후 흐르는 물에 가볍게 헹구고 체에 밭쳐 물기를 뺀다.

03 볼에 **01**의 고등어, **02**의 양파, 마요네즈, 카레가루를 넣고 골고루 섞는다.

04 바게트 슬라이스의 양면에 올리브유를 바르고 팬에 앞뒤로 노릇하게 굽는다.

05 **04**에 슬라이스 치즈를 반으로 잘라 올린다.

06 **05** 위에 **03**을 얹고 바질로 장식한다.

+TIP

+ 빵과 속 재료 사이에 치즈를 올리면 수분이 빵에 스며들지 않아 오랜 시간 바삭한 식감의 샌드위치를 즐길 수 있다.
+ 바게트 빵 대신 치아바타나 식빵 등 다양한 종류의 빵을 사용해도 된다.
+ 다양한 종류의 슬라이스 치즈를 사용하면 간단히 샌드위치 맛에 변화를 줄 수 있다.

고등어 어묵 만드는 법

푸드 프로세서에 고등어, 오징어, 달걀을 넣는다.

곱게 간다.

볼에 2와 카레가루, 밀가루, 녹말가루, 청주, 소금을 넣는다.

주걱으로 골고루 섞은 뒤 질퍽한 느낌이 들 정도로 반죽을 치댄다.

170℃로 달군 기름에 숟가락 2개를 이용해 어묵 반죽을 한입 크기로 떼어 넣는다.

노릇하게 튀겨지면 건져 낸다.

청양고추의 매콤함과 카레향이 입맛 당기는

고등어 어묵

고등어 1/2캔(200g)

오징어 1마리
청양고추 1개(5g)
당근 1/4개(50g)
양파 1/2개(100g)
달걀 1개
카레가루 2작은술
밀가루 2큰술
녹말가루 1+1/2큰술
청주 1작은술
소금 한 꼬집
후추 약간
식용유 적당량

01 고등어 통조림은 체에 밭쳐 물기를 뺀다.

02 오징어는 껍질을 벗겨 굵직하게 썬다.

03 청양고추, 당근, 양파는 곱게 다진다.

04 블렌더에 **01**의 고등어, **02**의 오징어, 달걀을 넣고 곱게 간다.

05 볼에 **03**의 채소, **04**, 카레가루, 밀가루, 녹말가루, 청주, 소금, 후추를 넣고 골고루 섞어 질퍽한 느낌이 들 정도로 반죽을 치댄다.

06 170℃로 달군 기름에 숟가락 2개를 이용해 어묵 반죽을 한입 크기로 떼어 넣고 노릇하게 튀긴다.

+TIP

+ 완성된 어묵은 케첩이나 머스터드소스, 스위트칠리소스와 곁들여 먹거나 어묵볶음 등의 반찬에 사용해도 된다.
+ 블렌더에 재료를 돌릴 때는 수분이 많은 재료를 먼저 넣는 것이 좋다.

부드러운 달걀 속에 달짝지근한 게살이 듬뿍

게살 달걀 덮밥

게살 1캔

밥 2공기(360~400g)
표고버섯 2개
대파 흰 부분 1/2대
달걀 4개
청주 2작은술
소금 한 꼬집
후추 한 꼬집
식용유 6큰술~8큰술

소스

물 1컵
간장 1큰술
설탕 2큰술
식초 1큰술
중식 치킨파우더 1큰술
전분물
(전분 1큰술, 물 2큰술)
참기름 1/2작은술

파슬리 약간

01 게살은 체에 밭쳐 물기를 뺀다.

02 대파는 0.3cm 두께로 썰고, 표고버섯은 밑동을 떼고 0.3cm 두께로 썬다.

03 볼에 달걀, 청주, 소금, 후추를 넣어 푼다.

04 **03**에 **02**의 대파와 표고버섯을 넣어 골고루 섞는다.

05 완성 그릇 사이즈 정도의 팬에 식용유를 달걀물이 잠길 정도로 충분히 넣고 가열한다.

06 기름이 달궈지면 **04**의 달걀물을 넣고 팬을 돌려가며 젓가락으로 재빨리 젓는다. 강불에 달걀물을 튀기듯 익힌다.

07 달걀물이 반 정도 익으면 불을 끄고 젓가락으로 저어가며 동그랗게 모양을 만든다.

08 그릇에 밥을 담고 **07**을 올린다.

09 냄비에 물, 간장, 설탕, 식초, 치킨파우더, 전분물을 넣고 끓인 뒤 참기름을 넣어 섞는다.

10 **08**에 **09**의 소스를 끼얹고, 파슬리 잎을 손으로 떼어 올린다.

+TIP

+ 식용유의 양은 팬에 크기에 맞춰 조절한다.
+ 식용유 대신 올리브유를 사용해도 된다.

게살 달걀 덮밥 만드는 법

표고버섯은 밑동을 떼고 3mm 두께로 썰고, 대파도 같은 크기로 썬다.

볼에 달걀, 청주, 소금, 후추를 넣어 푼다.

2에 게살, 1의 표고버섯과 대파를 넣어 골고루 젓는다.

반 정도 익으면 불을 끄고 젓가락으로 저어가며 동그랗게 모양을 만든다.

그릇에 밥을 담고 7을 올린다.

냄비에 물, 간장, 설탕, 식초, 치킨파우더, 전분물을 넣고 끓인다.

팬에 식용유를 달걀물이 잠길 정도로 넣고, 달궈지면 4의 달걀물을 붓는다.

젓가락으로 재빨리 저어가며 튀기듯이 익힌다.

9에 참기름을 넣어 섞는다.

8에 완성된 소스를 끼얹는다.

파슬리 잎을 손으로 떼어 올린다.

겉은 바삭하고 속은 부드러운

게살 고추 튀김

게살 100g

풋고추 8개
크림치즈 100g
마요네즈 2큰술
스리라차소스 1/2작은술
다진 파슬리 2큰술
소금 한 꼬집
후추 약간
라이스페이퍼 8장
밀가루 적당량
달걀 1개
건빵가루 적당량
식용유 적당량

01 게살은 체에 밭쳐 물기를 뺀다.

02 풋고추는 깨끗이 씻어 꼭지를 떼지 않고 길게 반으로 가른다.

03 작은 스푼으로 **02**의 고추 속을 긁어 씨를 제거한다.

04 볼에 **01**의 게살, 크림치즈, 마요네즈, 스리라차소스, 다진 파슬리, 소금, 후추를 넣고 골고루 섞는다.

05 풋고추 안에 **04**의 소를 채운다.

06 라이스페이퍼를 미지근한 물에 불린 뒤 젖은 도마 위에 올리고 **05**의 풋고추를 얹어 돌돌 만다.

07 달걀을 풀어 달걀물을 만든다.

08 밀가루, 달걀물, 건빵가루 순으로 옷을 입힌다.

09 170℃로 달군 기름에 노릇하게 튀긴다.

+TIP

+ 스위트칠리소스와 함께 곁들여 낸다.
+ 라이스페이퍼로 한 번 감싼 뒤 튀김옷을 입혀 튀기면 쫄깃하면서도 바삭한 식감을 즐길 수 있다.

게살 고추 튀김 만드는 법

게살은 체에 밭쳐 물기를 뺀다.

풋고추는 깨끗이 씻어 꼭지를 떼지 않고 길게 반으로 가른 뒤 씨를 파낸다.

볼에 1의 게살, 크림치즈, 마요네즈, 스리라차소스, 다진 파슬리, 소금, 후추를 넣는다.

라이스페이퍼를 미지근한 물에 불렸다가 6의 풋고추를 올려 돌돌 만다.

달걀을 풀어 달걀물을 만든다.

7에 밀가루, 달걀물, 건빵가루 순으로 옷을 입힌다.

골고루 섞어 소를 만든다.

풋고추 안에 만들어둔 소를 채운다.

170℃로 달군 기름에 넣어 튀긴다.

노릇하게 튀겨지면 건져 낸다.

안초비 버터

안초비 양상추볶음

안초비 양상추볶음 만드는 법

안초비는 잘게 다진다.

양상추는 사방 3cm 크기로 자른다.

마늘은 얇게 편으로 썰고, 홍고추는 꼭지와 씨를 제거한 뒤 0.5cm 두께로 어슷썰기 한다.

팬에 올리브유를 두르고 마늘과 홍고추를 넣어 중불에서 노릇해질 때까지 볶는다.

5에 안초비와 양상추를 넣고 강불에 재빠르게 볶는다.

안초비의 감칠맛과 양상추의 고소한 맛이 어우러진

안초비 양상추볶음

안초비 2마리

양상추 400g
마늘 2쪽
홍고추 1개
올리브유 3~4큰술
소금 약간
후추 약간

01 안초비는 잘게 다진다.

02 양상추는 사방 3cm 크기로 자르고, 마늘은 얇게 편으로 썬다.

03 홍고추는 꼭지를 따고 씨를 제거한 후 0.5cm 두께로 어슷하게 썬다.

04 팬에 올리브유를 두르고 마늘과 홍고추를 넣어 마늘이 노릇해질 때까지 중불에 볶는다.

05 04에 안초비를 넣고 중불에 볶다가 양상추를 넣고 강불에 재빠르게 볶는다.

06 소금, 후추로 간한다.

+TIP

+ 매콤한 맛을 좋아한다면 홍고추 대신 페페론치노 2개를 반으로 잘라 넣는다.
+ 올리브유 대신 안초비 오일을 사용해도 된다.

안초비 버터 만드는 법

안초비는 잘게 다진다.

잣은 기름을 두르지 않고 약불에 볶아 종이타월을 깔고 곱게 다진다.

실온에 둔 버터를 거품기로 휘핑해 크림 상태로 만든다.

3에 1의 안초비, 2의 잣, 소금을 넣고 골고루 섞는다.

랩 위에 4를 올리고 돌돌 만다.

5의 양 끝이 풀리지 않도록 고정시킨다.

고소한 잣과 안초비가 씹히는

안초비 버터

안초비 10마리

무염버터 100g
소금 한 꼬집
잣 2큰술(40~60개)

01 안초비는 곱게 다진다.

02 잣은 기름을 두르지 않은 팬에 약불로 볶아 종이타월에 감싼 뒤 곱게 다진다.

03 실온에 둔 버터를 볼에 담고 거품기로 휘핑해 부드러운 크림 상태로 만든다.

04 **03**에 **01**의 안초비, **02**의 잣, 소금을 넣고 골고루 섞는다.

05 종이호일이나 랩 위에 **04**를 올리고 돌돌 말아서 양 끝이 풀리지 않도록 고정시킨다.

06 **05**를 냉동실에 넣어 굳힌 뒤 필요한 양만큼 잘라 사용한다.

+TIP

+ 버터를 미리 실온에 두지 않았다면 내열용기에 버터를 넣고 10초씩 전자레인지에 돌려가며 부드러운 크림 상태로 만든다.
+ 냉동실에서 1개월 정도 보관 가능하다.
+ 안초비 버터는 빵에 바르거나 버터를 사용하는 다양한 요리에 사용할 수 있다.

고소하면서도 시원한 국물 맛이 입에 착 붙는

골뱅이 화이트와인찜

골뱅이 18개

콜리플라워 1/4개(75g)
마늘 2쪽
홍고추 1개
버터 1큰술
화이트와인 1컵
간장 1/2작은술
후추 약간
치킨스톡(큐브형) 1/2개

딜 5잎

01 골뱅이는 체에 밭쳐 물기를 빼고 크기가 큰 골뱅이는 반으로 자른다.

02 마늘은 다지고, 홍고추는 꼭지를 떼어 씨를 털어낸 뒤 3mm 두께로 썬다.

03 콜리플라워는 송이송이 떼어내고, 딜은 굵게 다진다.

04 팬에 버터를 두르고 마늘을 넣어 중불에 노릇하게 볶는다.

05 **04**에 홍고추, 콜리플라워를 넣고 볶다가 골뱅이, 화이트와인을 넣고 2~3분간 강불에 끓인다.

06 **05**에 간장, 치킨스톡을 넣고 콜리플라워가 익을 때까지 중약불에 끓인다.

07 **06**에 후추와 다진 딜을 넣고 가볍게 섞은 뒤 불을 끄고 그릇에 담는다.

+TIP

+ 국물에 빵을 찍어 먹어보자. 짭조름한 국물과 잘 어울린다.
+ 와인이나 맥주 안주로 좋다.
+ 파스타 면을 삶아 넣으면 파스타로도 변신이 가능하다.

골뱅이 화이트와인찜 만드는 법

골뱅이는 체에 밭쳐 물기를 뺀다.

홍고추는 꼭지를 떼어 씨를 털어내고 3mm 두께로 썰고, 마늘은 다진다.

6에 홍고추, 콜리플라워를 넣고 볶는다.

화이트와인을 넣는다.

골뱅이를 넣고 2~3분간 강불에 끓인다.

콜리플라워는 송이송이 떼어낸다.

딜은 굵게 다진다.

팬에 버터를 넣고 마늘을 중불에 노릇하게 볶는다.

간장, 치킨스톡을 넣고, 콜리플라워가 익을 때까
지 중약불에 끓인다.

다진 딜을 넣는다.

후추를 넣어 가볍게 섞은 뒤 불을 끈다.

골뱅이 꼬치

골뱅이 튀김 샐러드

골뱅이 꼬치 만드는 법

골뱅이는 체에 밭쳐 물기를 뺀 뒤 밑간 양념에 30분간 재워 둔다.

대파, 꽈리고추는 3cm 길이로 자른다.

꼬치에 골뱅이, 대파, 골뱅이, 꽈리고추, 골뱅이 순으로 꽂는다.

팬에 올리브유를 두르고 3을 올려 앞뒤로 노릇하게 구워 꺼낸다.

팬에 소스 재료를 넣어 타지 않게 저어가면서 졸인다.

소스가 반으로 줄면 4의 꼬치를 넣어 타지 않게 돌려가며 약불에 굽는다.

통통하고 쫄깃한 식감이 일품

골뱅이 꼬치

골뱅이 12개

대파 1대
꽈리고추 4개
올리브유 1큰술

골뱅이 밑간 양념

청주 1큰술
소금 약간
후추 약간
마늘가루 1 큰술

소스

간장 3큰술
멘쯔유 $1+^{1}/_{2}$큰술
설탕 3큰술
미림 3큰술
물 1큰술
녹말가루 1작은술
올리브유 1작은술

4개 분량

01 골뱅이는 체에 밭쳐 물기를 빼고 청주, 소금, 후추, 마늘가루를 뿌려 30분간 재워 둔다.

02 대파와 꽈리고추는 3cm 길이로 자른다.

03 꼬치에 골뱅이, 대파, 골뱅이, 꽈리고추, 골뱅이 순으로 꽂아 꼬치를 만든다.

04 팬에 올리브유를 두르고 **03**을 올려 앞뒤로 노릇하게 구워 꺼내 놓는다.

05 팬에 남은 기름을 종이타월로 닦아내고, 소스 재료를 넣어 가끔씩 저어가며 약불에 소스를 졸인다.

06 소스가 반으로 졸여지면 **04**의 골뱅이 꼬치를 넣고 타지 않도록 돌려가며 약불에 졸이듯 굽는다.

+TIP

+ 대파, 꽈리고추 외에 방울토마토, 파프리카, 피망 등의 다양한 채소를 곁들여도 좋다.
+ 꼬치 재료를 골고루 익힌 뒤 소스에 졸여야 속까지 간이 잘 밴다.

골뱅이 튀김 샐러드 만드는 법

골뱅이는 체에 밭쳐 물기를 뺀다.

볼에 1의 골뱅이와 밑간 양념을 넣고 골고루 섞는다.

3에 녹말가루를 묻힌 뒤 튀김가루와 맥주를 섞어 만든 튀김옷을 입힌다.

4를 160℃로 달군 기름에 노릇하게 튀긴다.

접시에 샐러드 채소와 골뱅이 튀김을 담고, 드레싱을 뿌린다.

상큼한 드레싱과 잘 어울리는

골뱅이 튀김 샐러드

골뱅이 18개

골뱅이 밑간 양념
간장 1/3작은술
청주 1큰술
소금 약간
후추 약간

녹말가루 적당량
튀김가루 4큰술
맥주 1/4컵(50㎖)
식용유 적당량
샐러드 채소 적당량
드레싱 적당량

01 골뱅이는 체에 밭쳐 물기를 빼고 크기가 큰 골뱅이는 반으로 자른다.

02 볼에 **01**, 간장, 청주, 소금, 후추를 넣고 골고루 섞어 간한다.

03 다른 볼에 튀김가루, 맥주를 넣고 섞어 튀김옷을 만든다.

04 **02**를 녹말가루에 묻혀 **03**의 튀김옷을 입히고 160℃로 달군 기름에 노릇하게 튀긴다.

05 접시에 샐러드 채소를 담고 골뱅이 튀김을 올린다.

06 **05**에 드레싱을 뿌린다.

+TIP

+ 드레싱 만드는 법: 다진 양파, 오렌지즙, 화이트와인 비니거를 각각 2큰술, 파마산치즈 가루 1/3컵을 볼에 넣어 거품기로 골고루 섞는다. 올리브유 1/2컵을 조금씩 넣어가며 섞고 소금, 후추로 간한다.
+ 발사믹 소스를 곁들여도 잘 어울린다.

매콤 새콤한 양념이 입맛 돋우는

골뱅이 비빔면

골뱅이 16개

소면 160g
대파 1대

비빔 양념
다진 마늘 1/2큰술
고추장 4큰술
설탕 1+1/2큰술
식초 1+1/2큰술
간장 1작은술
참기름 1작은술
고추기름 1작은술

참깨 1작은술
삶은 달걀 1개

01 끓는 물에 소금을 넣고 골뱅이를 살짝 데친 뒤 체에 밭쳐 물기를 빼고 한입 크기로 자른다.

02 대파는 채를 썰어 찬물에 담가 매운맛을 빼고 종이타월로 물기를 제거한다.

03 끓는 물에 소면을 넣고 끓어오르면 찬물을 반 컵 부어 끓인다.

04 **03**의 물이 다시 끓어오르면 찬물 반 컵을 한 번 더 붓고 끓인 뒤 소면을 건진다.

05 **04**의 소면을 찬물에 깨끗이 헹군 뒤 체에 밭쳐 물기를 확실히 뺀다.

06 볼에 비빔 양념 재료를 모두 넣어 골고루 섞는다.

07 볼에 소면을 담고, **06**의 양념장, 채 썬 대파, 골뱅이를 넣고 고루 버무린다.

08 그릇에 **07**을 담은 뒤 참깨를 뿌리고, 삶은 달걀을 반으로 잘라 올린다.

+TIP

+ 대파를 채 썰 때 5cm 길이로 자르고 반으로 갈라 심을 제거한 뒤 겉면이 위가 되도록 펼쳐 썰면 수월하다.
+ 오이, 당근, 배, 시판 절임 무 등을 채 썰어 함께 버무려도 된다.

골뱅이 비빔면 만드는 법

골뱅이는 체에 밭쳐 물기를 뺀다.

대파는 채를 썰어 찬물에 담가 매운맛을 뺀 뒤 종이타월로 물기를 제거한다.

6을 찬물에 헹군 뒤 체에 밭쳐 물기를 뺀다.

볼에 비빔 양념 재료를 넣고 골고루 섞는다.

7의 소면에 양념장, 채 썬 대파, 골뱅이를 넣는다.

끓는 물에 소면을 넣어 삶는다.

5가 끓어오르면 찬물 반 컵을 붓고 끓인 뒤 다시 끓으면 찬물 반 컵을 한 번 더 붓고 끓인다.

모든 재료가 잘 어우러지도록 골고루 섞는다.

The Authentic Quality
SPAM
Classic
The SPAM variety at the heart of it all
has held true as reliable, delicious and
innovative element for any meal.

03

고기&곡물 통조림

스팸과 닭가슴살 통조림은 간이 충분히 돼 있어 그 자체로도 맛있지만 간편한 조리법으로 얼마든지 멋스러운 반찬과 요리로 탈바꿈할 수 있다. 다른 요리의 부재료로 쓰곤 했던 곡물 통조림으로도 담백하고 부드러운 단맛을 느낄 수 있는 이색 요리에 도전해 보자.

담백하고 상큼한 중식 냉면

닭고기 냉채면

닭가슴살 200g

중화생면 2팩(240g)
달걀 1개
소금 한 꼬집
오이 $^1/_2$개
양상추 30g
방울토마토 6개

참깨소스
참깨 가루 5큰술
통깨 1큰술
설탕 2작은술
식초 4+$^1/_2$큰술
간장 1+$^1/_3$큰술
다시마 국물 3큰술
↳ TIP 참조
고추기름 1작은술

01 닭가슴살 통조림은 체에 밭쳐 물기를 뺀다.

02 볼에 참깨 소스 재료를 모두 넣고 골고루 섞어 냉장실에 차갑게 둔다.

03 오이는 길이로 4등분 하고, 돌려 깎아 채 썬다.

04 달걀에 소금 한 꼬집을 넣어 푼 뒤 체에 내리고, 팬에 식용유를 얇게 바른 뒤 달걀물을 부어 약불에서 달걀지단을 부친다. 지단이 식으면 오이 길이로 잘라 채 썬다.

05 양상추는 한입 크기로 자르고, 방울토마토는 꼭지를 떼어 반으로 자른다.

06 중화생면은 끓는 물에 삶아 얼음물에 여러 번 문질러 헹구고 체에 밭쳐 물기를 뺀다.

07 그릇에 면을 담고 닭가슴살, 지단, 오이, 양상추, 방울토마토를 얹는다.

08 07에 소스를 뿌린다.

+TIP

+ 오이는 굵은소금으로 문질러 씻는다.
+ 오이는 강판이나 채칼을 이용해 채를 썰어도 된다.
+ 중화면이 없다면 파스타면, 우동면, 소면 등을 사용해도 된다.
+ 다시마 국물: 물 600㎖에 다시마(사방 8cm) 1개를 30분간 담근 뒤 약불에 끓이다가 물이 끓어오르기 시작하면 다시마를 건져내고 가다랑이포 15g을 넣는다. 1분간 끓인 뒤 불을 끄고 체에 걸러낸다.

닭고기 냉채면 만드는 법

닭가슴살 통조림은 체에 밭쳐 물기를 뺀다.

볼에 참깨소스 재료를 모두 넣고 골고루 섞는다.

팬에 식용유를 얇게 바른 뒤 6의 달걀물을 부어 지단을 부친다.

지단이 식으면 오이 길이로 잘라 채 썬다.

중화생면은 끓는 물에 넣고 삶는다.

오이는 길이로 4등분 한 뒤 돌려 깎아 채 썬다.

달걀에 소금 한 꼬집을 넣어 푼 뒤 체에 내린다.

10을 건져 얼음물에 헹구고 체에 밭쳐 물기를 뺀다.

그릇에 면을 담고, 닭가슴살, 지단, 오이, 양상추, 방울토마토를 올린 뒤 소스를 끼얹는다.

부드러운 일식 닭고기 덮밥

오야꼬동

닭가슴살 150g

양파 $^{1}/_{2}$개(100g)
달걀 4개
밥 360~400g

소스

다시마 국물 $^{1}/_{2}$컵
↳ p.91 TIP 참조
미림 $^{1}/_{2}$컵
간장 2+$^{2}/_{3}$큰술

쪽파 1대
구운 김 적당량

01 닭가슴살을 체에 밭쳐 물기를 뺀다.

02 양파는 0.3cm 두께로 채 썰고, 달걀은 가볍게 풀어 둔다.

03 팬에 다시물, 미림, 간장을 넣고 소스의 양이 $^{2}/_{3}$로 줄 때까지 중불에 끓인다.

04 **03**에 양파와 닭가슴살을 넣고 3분간 중불에 끓인다.

05 **04**를 약불로 줄이고 달걀물의 $^{2}/_{3}$를 원을 그려가며 붓는다.

06 달걀이 익으면 남은 달걀물 $^{1}/_{3}$을 원을 그려가며 붓고 불을 끈 뒤 뚜껑을 덮어 1분간 둔다.

07 그릇에 밥을 담아 **06**을 올리고 송송 썬 쪽파와 구운 김을 올린다.

+TIP

+ 일본 조미료인 시치미 가루를 곁들여도 좋다.
+ 덮밥 소스는 먹기 직전에 밥 위에 얹어야 표면이 굳지 않고 촉촉하다.

오야꼬동 만드는 법

닭가슴살을 체에 밭쳐 물기를 뺀다.

양파는 0.3cm 두께로 채 썰고, 달걀은 가볍게 풀어 둔다.

냄비에 다시마 국물, 미림, 간장을 넣는다.

3분간 중불에 끓인다.

7을 약불로 줄이고 달걀물의 $^{2}/_{3}$를 원을 그려가며 붓는다.

달걀이 익으면 남은 달걀물 $^{1}/_{3}$을 원을 그려가며 붓는다.

소스의 양이 $^{2}/_{3}$로 줄 때까지 중불에 끓인다.

4에 양파와 닭가슴살을 넣는다.

그릇에 밥을 담고, 구운 김과 송송 썬 쪽파를 올린다.

바삭한 크로켓 속 매콤한 치킨 카레

치킨 병아리콩 카레빵

닭가슴살 100g
병아리콩 50g

양파 1/4개(50g)
붉은 파프리카 1/4개(50g)
다진 마늘 1쪽
다진 생강 1cm×1cm 1쪽
카레가루 1큰술
레드와인 1+1/2큰술
토마토케첩 2큰술
치킨스톡 가루 한 꼬집
굴소스 1큰술
소금 약간
후추 약간
식빵 2장
계란 1개
생빵가루 적당량
식용유 적당량

01 닭가슴살과 병아리콩은 체에 밭쳐 물기를 빼고, 양파와 파프리카는 다진다.

02 팬에 마늘, 생강을 넣어 향이 날 때까지 볶다가 닭가슴살을 넣고 볶는다.

03 **02**에 양파, 파프리카를 넣고 양파가 투명해질 때까지 볶다가 병아리콩을 넣고 볶는다.

04 **03**에 레드와인을 넣고 알코올이 날아가도록 강불에 볶는다.

05 **04**에 토마토케첩, 치킨스톡 가루, 카레가루, 굴소스를 넣고 볶은 뒤 소금, 후추로 간하고 넓은 접시에 펼쳐 식힌다.

06 식빵을 밀대로 얇게 밀고, 가장자리를 썬다.

07 **06**의 가운데에 **05**의 소를 올리고, 계란을 풀어 달걀물을 만든 뒤 식빵 모서리에 바른다.

08 **07**을 반으로 접어 포크의 뒷면으로 가장자리를 눌러서 식빵이 벌어지지 않도록 고정시킨다.

09 **08**에 달걀물을 입히고 생빵가루를 묻혀 180℃ 기름에 노릇하게 튀긴다.

+TIP

+ 샌드위치 메이트가 있다면 식빵 사이에 소를 얹고 샌드위치 메이트를 올려 꾹 누른다. 빵 테두리를 제거한 뒤 과정 **09**를 진행한다.
+ 스위트칠리소스와 곁들이면 잘 어울린다.

치킨 병아리콩 카레빵 만드는 법

닭가슴살은 체에 밭쳐 물기를 뺀 뒤 결대로 찢는다.

파프리카와 양파를 굵게 다진다.

양파, 파프리카를 넣고 양파가 투명해질 때까지 볶다가 닭가슴살, 레드와인을 넣는다.

식빵 테두리를 잘라 낸다.

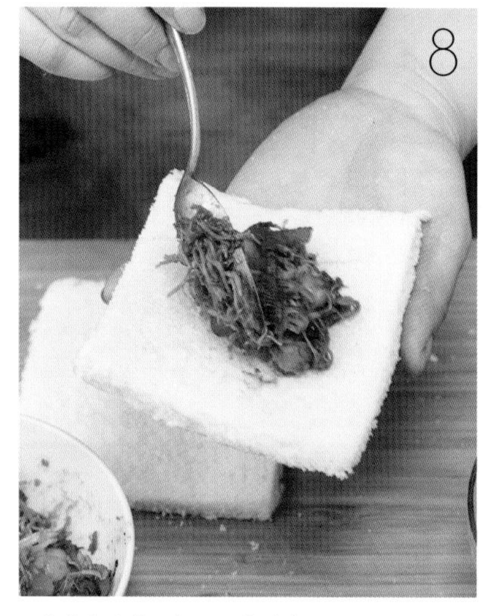

7의 가운데에 5의 소를 올린다.

달걀물을 만든 뒤 식빵 가장자리에 바른다.

3에 토마토케첩, 치킨스톡 가루, 카레가루, 굴소스를 넣고 볶은 뒤 소금, 후추로 간한다.

식빵을 밀대로 얇게 민다.

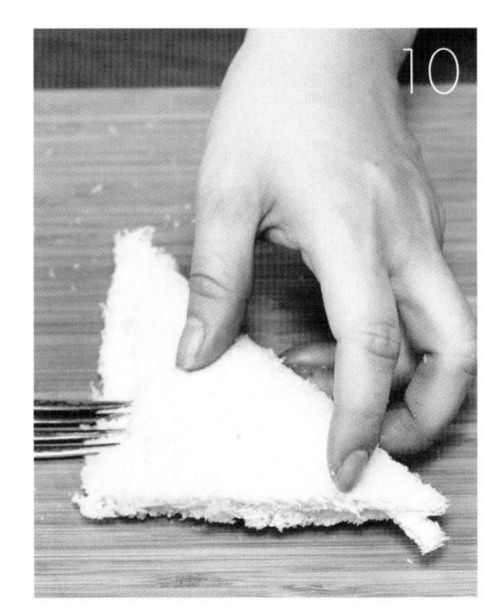

빵을 반으로 접은 뒤 포크 뒷면으로 가장자리를 눌러 고정시킨다.

달걀물을 입히고 생빵가루를 묻힌다.

180℃ 기름에 노릇하게 튀긴다.

스팸 채소볶음

스팸 카레

스팸 카레 만드는 법

스팸, 양파, 당근, 감자를 사방 1cm 크기로 깍둑썰기 한다.

팬에 코코넛유를 두르고 1의 양파를 넣어 노릇하게 볶는다.

2에 당근, 감자를 넣고 감자가 투명해질 때까지 볶다가 스팸을 넣고 중불에 볶는다.

토마토, 물, 치킨스톡을 넣고 끓어오르면 약불로 줄여 10분간 더 끓인다.

고형 카레를 넣고 잘 풀어준다.

걸쭉해질 때까지 약 5분간 약불에 끓인 뒤 밥과 함께 그릇에 담는다.

일본 가정식 스타일

스팸 카레

스팸 1/4개(85g)
토마토(레디컷) 100g

양파 1/2개(100g)
당근 1/2개(100g)
감자 1/2개(100g)
고형 카레 2조각
치킨스톡(큐브형) 1개
물 2컵(400㎖)
코코넛유 1큰술
밥 2공기(360~400g)

01 스팸, 양파, 당근, 감자를 사방 1cm 크기로 깍둑썰기 한다.

02 팬에 코코넛유를 두르고 **01**의 양파를 넣어 중불에 노릇하게 볶는다.

03 **02**에 당근, 감자를 넣고 감자가 투명해질 때까지 볶다가 스팸을 넣고 중불에 볶는다.

04 **03**에 토마토, 물, 치킨스톡을 넣고 중불에 끓이다가 끓어오르면 약불로 줄여 10분간 끓인다.

05 **04**에 고형 카레를 넣고 잘 풀어 준 뒤 걸쭉해질 때까지 약 5분간 약불에 끓인다.

06 그릇에 밥을 담고 카레를 올린다.

+TIP

+ 파슬리를 굵게 다져서 카레 위에 장식해도 좋다.
+ 스팸 자체의 짠맛이 강해 간이 세질까 염려된다면 볶기 전에 뜨거운 물에 살짝 데친 뒤 사용한다.

스팸 채소볶음 만드는 법

스팸은 길이로 반 자르고 0.5cm 두께로 채 썬다.

부추와 새송이버섯은 4.5cm 길이로 썰고, 숙주는 깨끗이 씻어 물기를 뺀다.

달군 팬에 1의 스팸을 넣고 노릇하게 볶는다.

새송이버섯을 넣고 볶다가 숙주, 부추를 넣고 볶는다.

간장, 굴소스를 넣어 강불에 30초간 볶는다.

후추, 참기름을 넣고 재빠르게 섞은 뒤 불을 끈다.

아삭한 숙주와 간간한 스팸의 케미

스팸 채소볶음

스팸 1/2개(170g)

숙주 100g
부추 100g
새송이버섯 100g
간장 1작은술
굴소스 1작은술
참기름 1큰술
올리브유 1작은술
후추 약간

크러쉬드 레드페퍼 적당량
쪽파 2대

01 스팸은 길이로 반 자르고 0.5cm 두께로 채 썬다.

02 숙주는 깨끗하게 씻어 물기를 제거한다.

03 부추는 4.5cm 길이로 썰고, 새송이버섯은 4.5cm 길이, 0.5cm 두께로 채 썬다.

04 달군 팬에 **01**을 넣고 중불에 노릇하게 볶아 꺼내 놓는다.

05 **04**의 팬을 달궈 올리브유를 두르고 새송이버섯을 넣어 볶다가 숙주, 부추, 간장, 굴소스를 넣어 강불에 30초간 볶는다.

06 **05**에 **04**의 스팸, 후추, 참기름을 넣고 재빠르게 섞은 뒤 불을 끈다.

07 그릇에 담고 송송 썬 쪽파와 크러쉬드 레드페퍼를 뿌린다.

+TIP

+ 부추와 숙주는 단시간에 강불에 볶아야 아삭한 식감을 즐길 수 있다.
+ 마늘칩을 곁들여도 잘 어울린다. 마늘칩은 시판 제품을 사용해도 되고 얇게 썬 마늘을 물에 2~3시간 담가 종이타월로 물기를 제거한 뒤 170도 기름에 바삭하게 튀겨도 된다.

고소한 참깨가 톡톡 씹히는

스팸 주먹밥

스팸 1/2개(170g)

달걀 2개
참치 맛가루 4큰술
↳ p.41 참조
김밥용 김 1장
밥 240g
마요네즈 1+1/3큰술
소금 한 꼬집
후추 약간
참깨 1작은술
참기름 적당량
올리브유 1작은술

4개 분량

01 스팸은 0.5cm 두께로 자르고 팬에 노릇하게 굽는다.

02 볼에 달걀을 풀어 소금 한 꼬집과 후추로 간한 뒤 달군 팬에 올리브유를 두르고 0.5cm 두께로 부친다.

03 **02**의 달걀이 식으면 스팸 크기로 자른다.

04 김을 4cm 두께로 4장 자른다.

05 볼에 밥을 담고 참깨와 참기름을 넣어 골고루 섞은 다음 네 덩어리로 나눈다.

06 깨끗이 씻어 건조시킨 스팸 통조림 통에 랩을 깐 뒤 밥 한 덩어리를 꾹꾹 눌러 담고 마요네즈 1작은술을 펴 바른다.

07 **06**에 달걀지단 1장, 참치 맛가루 1큰술, 스팸 1장 순으로 올리고 밥 한 덩어리를 꾹꾹 눌러 담는다.

08 랩을 당겨 꺼낸 뒤 김으로 감싼다.

+TIP

+ 참치 맛가루가 없다면, 냉장고에 있는 멸치볶음이나 오징어채로 대체하거나 생략해도 된다. 이때는 간이 강할 수 있으니 양을 조절한다.
+ 참치 맛가루 대신 죽순 돼지고기 소보로(p.155 참조)를 넣으면 좀 더 고급스러운 맛을 낼 수 있다.

스팸 주먹밥 만드는 법

스팸은 0.5cm 두께로 잘라 팬에 노릇하게 굽는다.

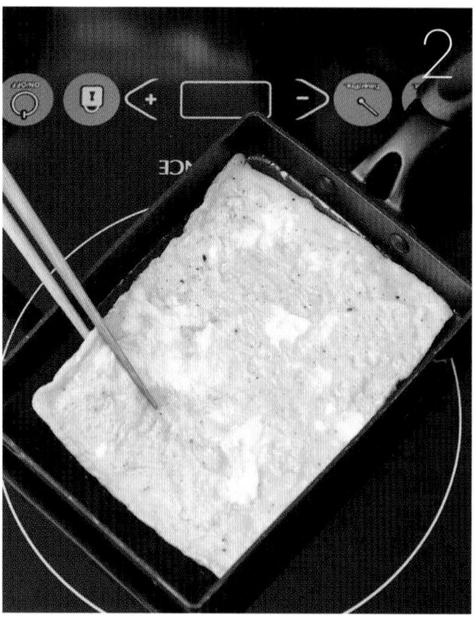

달걀물을 만들어 소금 한 꼬집과 후추로 간한 뒤 0.5cm 두께의 지단을 부친다.

2의 달걀이 식으면 스팸 크기로 자른다.

스팸 통에 랩을 깔고 밥 한 덩어리를 꾹꾹 눌러 담는다.

마요네즈를 펴 바른다.

달걀지단, 참치 맛가루, 스팸 순으로 올린다.

김을 4cm 두께로 4장 자른다.

볼에 밥을 담고, 참깨와 참기름을 넣어 골고루 섞은 뒤 네 덩어리로 나눈다.

9에 밥 한 덩어리를 꾹꾹 눌러 담는다.

랩을 당겨 꺼낸다.

김으로 가운데를 감싼다.

스팸을 넣은 태국식 볶음밥

가파오라이스

스팸 100g

파프리카 1/2개(100g)
마늘 1쪽
베트남 건고추 2개
피시소스 1작은술
굴소스 1작은술
설탕 한 꼬집
올리브유 1큰술
식용유 적당량
밥 2공기(360~400g)
달걀 2개

바질 40g

01 스팸과 파프리카는 사방 1cm 크기로 깍둑썰기 한다.

02 마늘은 굵게 다지고, 베트남 건고추는 손으로 반 자른다.

03 팬에 올리브유 두르고 **02**를 넣어 향이 날 때까지 약불에 볶는다.

04 **03**에 스팸을 넣고 중불에 노릇하게 볶다가 파프리카를 넣어 가볍게 볶는다.

05 **04**에 피시소스, 굴소스, 설탕을 넣고 강불에 수분을 날리며 볶다가 바질 1/2을 넣고 재빠르게 섞은 뒤 불을 끈다.

06 달군 팬에 식용유를 넉넉히 두르고 달걀을 넣어 튀기듯 달걀 프라이를 한다.

07 그릇에 밥을 담고 **05**를 올린다.

08 남은 1/2의 바질 잎을 손으로 뜯어 올리고, **06**의 달걀 프라이를 얹는다.

+TIP

+ 베트남 건고추가 없다면 말린 고추 1개를 가위로 0.5cm 두께로 잘라 넣어도 된다.
+ 재료를 볶을 때 너무 휘저으면 재료가 부서져 모양과 식감을 해칠 수 있으니 주의한다.

가파오라이스 만드는 법

스팸은 사방 1cm 크기로 자른다.

파프리카도 사방 1cm 크기로 자른다.

마늘을 굵게 다진다.

6에 파프리카를 넣어 가볍게 볶는다.

피시소스, 굴소스, 설탕을 넣는다.

강불에 수분을 날리며 볶다가 바질 1/2을 넣고 재빠르게 섞은 뒤 불을 끈다.

팬에 다진 마늘과 손으로 반 자른 베트남 건고추를 넣고 향이 날 때까지 볶는다.

4에 스팸을 넣고 중불에 노릇하게 볶는다.

달군 팬에 식용유를 넉넉히 둘러 달걀 프라이를 한다.

그릇에 밥과 9를 담고, 남은 바질 $^1/_2$을 손으로 뜯어 올린다.

달걀 프라이를 얹는다.

옥수수 코울슬로

옥수수 프리터

옥수수 코울슬로 만드는 법

옥수수 통조림은 체에 밭쳐 물기를 뺀다.

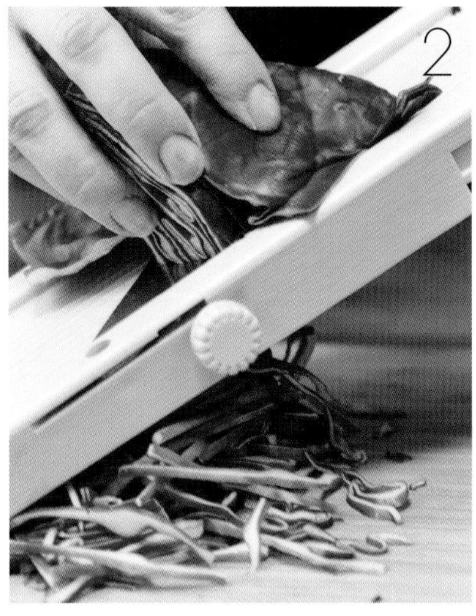

적양배추와 당근은 슬라이서로 채 친다.

볼에 2의 적양배추와 당근을 담고 굵은소금을 넣어 가볍게 섞은 뒤 15분간 재운다.

3의 적양배추와 당근의 물기를 꽉 짠 뒤 다시 볼에 담고 1의 옥수수, 설탕, 식초를 넣어 고루 섞는다.

마요네즈를 넣어 섞고 간을 본 뒤 소금과 후추로 마무리한다.

자투리 채소로 활용 가능한 초간단 샐러드

옥수수 코울슬로

옥수수 200g

적양배추 200g
당근 1/2개(100g)
굵은소금 1작은술
마요네즈 4큰술
설탕 1/2큰술
식초 1+1/2큰술
소금 약간
후추 약간

01 옥수수 통조림은 체에 밭쳐 물기를 뺀다.

02 적양배추와 당근은 슬라이서로 채 친다.

03 볼에 02의 적양배추와 당근을 담고 굵은소금을 넣어 가볍게 섞은 뒤 15분간 재운다.

04 03의 적양배추와 당근의 수분을 꽉 짠 뒤 다시 볼에 담고 01의 옥수수를 넣는다.

05 04에 설탕과 식초를 넣고 골고루 섞는다.

06 05에 마요네즈를 넣어 섞고 간을 본 뒤 소금과 후추로 마무리한다.

+TIP

+ 오이나 사과 등 냉장고에 있는 자투리 채소나 과일 활용에 좋다.
+ 적양배추는 일반 양배추보다 물기가 적은 편이나 소금에 절인 뒤 물기를 꼭 짜야 드레싱에 버무렸을 때 물이 생기지 않는다.

옥수수 프리터 만드는 법

옥수수 통조림은 체에 밭쳐 물기를 뺀다.

1의 $^{1}/_{2}$을 블렌더에 넣고 곱게 간다.

볼에 2의 옥수수, 나머지 옥수수, 물기를 뺀 게살, 다진 양파, 생크림, 올리브유, 소금, 후추를 넣는다.

3을 골고루 섞는다.

4에 중력분과 옥수수 전분을 넣고 가루가 보이지 않도록 섞는다.

팬에 버터를 두르고 한 국자씩 떠서 앞뒤로 노릇하게 굽는다.

따끈하고 폭신한 서양식 전

옥수수 프리터

옥수수 150g
게살 50g

양파 1/4개(50g)
달걀 1개
생크림 1큰술
올리브유 1큰술
소금 1/2작은술
후추 약간
중력분 4큰술
옥수수 전분 4큰술
버터 1큰술

사워크림 적당량

01 옥수수는 체에 밭쳐 물기를 뺀 뒤 옥수수의 1/2을 블렌더에 넣고 곱게 간다.

02 게살은 체에 밭쳐 물기를 뺀다.

03 양파는 굵게 다진다.

04 볼에 **01**의 옥수수와 나머지 옥수수, **02**의 게살, **03**의 양파, 달걀, 생크림, 올리브유, 소금, 후추를 넣고 골고루 섞는다.

05 **04**에 중력분과 옥수수 전분을 넣고 가루가 보이지 않도록 섞는다.

06 팬에 버터를 두르고 한 국자를 떠서 앞뒤로 노릇하게 굽는다.

07 사워크림과 곁들여 낸다.

+TIP

+ 통조림 게살 대신 냉동 게살을 사용할 경우에는 곱게 찢어 레몬즙에 10분 동안 절인 뒤 물기를 짜 사용한다.
+ 게살의 물기를 충분히 빼야 전을 부쳤을 때 늘어지지 않는다.

구수한 단맛이 녹아든

옥수수 그라탕

옥수수 100g

감자(중) 1/2개(50g)
베이컨 2장
우유 3큰술
파마산치즈 가루 1큰술
가염버터 1작은술
소금 약간
후추 약간

01 옥수수는 체에 밭쳐 물기를 뺀다.
02 **01**의 2/3를 블렌더에 넣고 순간 동작 버튼을 짧게 10번 정도 눌러 옥수수를 간다.
03 감자는 껍질을 벗기고 0.5cm 두께로 썬 뒤 다시 반으로 썬다.
04 베이컨은 2cm 길이로 썬다.
05 볼에 **02**의 간 옥수수, 우유, 소금, 후추를 넣어 섞는다.
06 그라탕 용기에 감자, 베이컨을 겹쳐서 깔고 **05**를 붓는다.
07 **06**에 남겨 놓은 옥수수를 골고루 얹는다.
08 **07**에 파마산치즈 가루를 골고루 뿌리고 중간중간 버터를 올린다.
09 180℃로 예열한 오븐에 15~20분간 노릇하게 굽는다.

+TIP

+ 파슬리를 다져서 장식해도 좋다.
+ 진한 크림 맛을 느끼고 싶다면 우유 대신 생크림을 넣어도 된다.

옥수수 그라탕 만드는 법

옥수수는 체에 밭쳐 물기를 뺀다.

1의 $^{2}/_{3}$를 블렌더에 넣고 순간 동작 버튼을 짧게 10번 정도 눌러 옥수수를 간다.

감자는 껍질을 벗기고 0.5cm 두께로 썬 뒤 다시 반으로 썬다.

그라탕 용기에 감자, 베이컨을 겹쳐서 깐다.

남겨 놓은 옥수수를 골고루 올린다.

6을 붓고, 옥수수를 적당량 뿌린다.

베이컨은 2cm 길이로 썬다.

볼에 2의 간 옥수수, 우유, 소금, 후추를 넣어 섞는다.

파마산치즈 가루를 골고루 뿌린다.

중간중간에 버터를 올린다.

180℃로 예열한 오븐에 15~20분간 노릇하게 굽는다.

병아리콩 스낵

병아리콩 쿠키

달지 않아 더 맛있는

병아리콩 쿠키

병아리콩 400g(1캔)

초코칩 1/4컵
땅콩버터 1/2컵
시나몬 파우더 1/2큰술
베이킹 파우더 1작은술
꿀 2큰술
바닐라 에센스 1작은술
소금 한 꼬집

01 병아리콩은 체에 밭쳐 물기를 뺀다.

02 블렌더에 **01**, 땅콩버터, 시나몬파우더, 베이킹파우더, 꿀, 바닐라 에센스, 소금을 넣고 간다.

03 볼에 **02**를 담고 초코칩을 넣어 섞는다.

04 오븐팬에 유산지를 깔고 **03**을 아이스크림 스쿱으로 떠서 올린다.

05 **04**를 손으로 살짝 눌러 납작하게 만든다.

06 180℃로 예열한 오븐에 15~20분간 노릇하게 구운 뒤 오븐에서 꺼내 식힘망에 올려 식힌다.

+TIP

+ 아이스크림 스쿱이 없다면 스푼 2개를 이용하거나 손으로 모양을 빚어도 된다.
+ 과정 **05**에서 포크로 눌러 모양을 내도 된다.
+ 당도는 취향에 따라 꿀의 양을 조절한다.

블렌더에 초코칩을 제외한 재료들을 넣고 간다.

볼에 담고 초코칩을 넣어 섞는다.

오픈팬에 유산지를 깔고 반죽을 떠서 올린다.

살짝 눌러 납작하게 만든 뒤 180℃로 예열한 오븐에 15~20분간 굽는다.

씹을수록 시나몬향이 그윽하게 퍼지는

병아리콩 스낵

병아리콩 400g(1캔)

황설탕 1큰술
시나몬파우더 1작은술
소금 한 꼬집
올리브유 1큰술
꿀 1큰술

01 병아리콩은 체에 밭쳐 물기를 빼고 종이타월로 수분을 제거한다.

02 오븐팬에 오븐 시트를 깔고 **01**을 흩뿌려 놓는다.

03 200℃로 예열한 오븐에 **02**의 병아리콩을 넣고 35~40분간 바삭하게 굽는다.

04 병아리콩을 오븐에서 꺼내 바로 볼에 담고 황설탕, 소금, 시나몬파우더를 넣어 골고루 섞는다.

05 **04**에 올리브유를 넣고 섞다가 꿀을 넣고 다시 골고루 섞는다.

06 **05**를 오븐 시트에 펼쳐 완전히 식힌 후 용기에 담는다.

+TIP

+ 병아리콩 통조림 대신 완두콩 통조림을 사용해도 된다. 완두콩 통조림을 사용할 경우에는 과정 **03**의 단계에서 25~30분간 오븐에 굽는다.

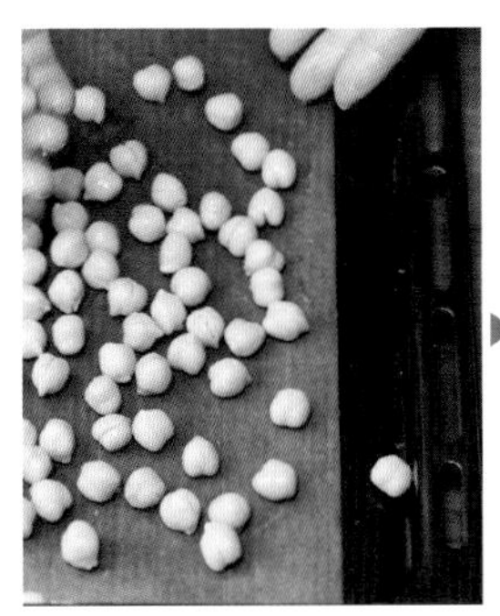

오븐 시트를 깔고 병아리콩을 흩뿌려 200℃로 예열한 오븐에 35~40분간 굽는다.

볼에 담고 황설탕, 소금, 시나몬파우더를 넣는다.

올리브유, 꿀을 넣고 골고루 섞는다.

오븐 시트에 펼쳐 식힌다.

코코넛밀크크림의 은은한 단맛

크레페 케이크

팥 적당량
밤 15개

박력분 1/2컵(100g)
우유 1/2컵(100㎖)
물 1/4컵(50㎖)
설탕 1큰술
달걀 1개
소금 한 꼬집
녹인 버터 10g
올리브유 적당량
코코넛밀크크림 적당량
↳ p.199 과정 **01~04** 참조

다진 견과류 적당량
민트 적당량

01 코코넛밀크크림을 만든다.

02 밤을 5개는 반으로 자르고 10개는 굵게 다진다.

03 볼에 체 친 박력분, 설탕, 소금을 넣고 가볍게 섞는다.

04 다른 볼에 달걀을 넣고 가볍게 푼 뒤 우유, 물을 넣고 골고루 섞는다.

05 **03**에 **04**를 조금씩 넣어가며 거품기로 가루가 보이지 않을 때까지 가볍게 섞는다.

06 **05**에 녹인 버터를 넣어 섞고 랩을 씌워 냉장고에 30분간 휴지시킨다.

07 팬에 올리브유를 살짝 두르고 **06**의 반죽을 얇게 올려 약불에 양면을 노릇하게 굽는다.

08 **07**을 반복하여 크레이프를 7장 굽는다.

09 크레이프를 한 장 깔고 코코넛밀크크림을 펴 바른 뒤 다진 밤과 다진 견과류를 뿌린다.

10 **09**에 크레이프를 한 장 올리고 팥을 펴 바른다.

11 **09**과 **10**의 과정을 3번씩 반복하고 윗면에 코코넛밀크크림을 펴 바른 뒤 다진 견과류를 뿌린다.

12 크레페 케이크 위에 반으로 자른 밤을 올리고 민트로 장식한다.

+TIP

+ 취향에 따라 코코넛밀크크림, 다진 견과류, 팥의 양을 조절한다.
+ 크레페를 구울 때는 약불에서 반죽을 얇게 펴서 부치고, 윗면에 기포가 생겼을 때 뒤집는다.

크레페 케이크 만드는 법

코코넛밀크크림을 만든다.

체 친 박력분에 설탕, 소금을 넣고 가볍게 섞는다.

다른 볼에 달걀을 푼 뒤 우유, 물을 넣고 골고루 섞는다.

6의 과정을 반복하여 크레이프를 7장 굽는다.

크레이프 한 장을 깔고 코코넛밀크크림을 펴 바른다.

2에 3을 조금씩 넣어가며 거품기로 섞는다.

4에 녹인 버터를 넣어 섞고 랩을 씌워 냉장고에 30분간 휴지시킨다.

팬에 올리브유를 살짝 두르고 5의 반죽을 얇게 올려 약불에 양면을 노릇하게 굽는다.

9에 다진 밤과 견과류를 뿌린다.

10에 크레이프를 한 장 깔고 팥을 펴 바른다.

10~11의 과정을 3번씩 반복하고 윗면에 코코넛 밀크크림을 펴 바른 뒤 반으로 자른 밤과 견과류를 뿌린다.

팥 앙금 속 새콤달콤한 반전

딸기 찹쌀떡

팥 210g(1캔)

설탕A 2큰술
물 1컵(200㎖)
딸기 8개
찹쌀가루 100g
설탕B 1+1/3큰술
소금 한 꼬집
미지근한 물 1/2컵(100㎖)
옥수수 전분 적당량

8개

01 블렌더에 팥 통조림을 붓고 물 1/2컵을 넣어가며 곱게 간다.

02 냄비에 **01**의 팥과 남은 물 1/2컵, 설탕A를 넣고 나무 주걱으로 저어가며 수분이 없어질 때까지 약불에 끓여 식힌다.

03 내열용기에 찹쌀가루, 설탕B, 소금을 넣어 섞고, 미지근한 물을 부어 골고루 섞은 뒤 랩을 씌운다.

04 **03**을 전자레인지에 1분간 넣어 돌린 후 꺼내 실리콘 주걱으로 골고루 섞는다. 윤기와 끈기가 생길 때까지 같은 방법을 2~3번 더 반복한다.

05 **02**의 앙금을 20g씩 분할하여 둥글납작하게 편 후 꼭지를 딴 딸기를 올려 감싼다.

06 **04**를 30g으로 소분하고 둥글납작하게 편 후 **05**를 올려 감싼다.

07 끝부분을 꼭 집어서 마무리하고 둥글게 빚어 옥수수 전분 위에 굴린다.

+TIP

+ 찹쌀 반죽을 만질 때 옥수수 전분을 손에 묻히면 모양 만들기가 수월하다.
+ 냄비에 팥 앙금을 졸일 때 주걱으로 저은 자국이 남으면 적당한 농도가 된 것이다.

딸기 찹쌀떡 만드는 법

믹서에 팥 통조림을 붓고 물 $^{1}/_{2}$컵을 넣어가며 곱게 간다.

냄비에 1의 팥과 남은 물 $^{1}/_{2}$컵, 설탕A를 넣고 주걱으로 저어가며 수분이 없어질 때까지 약불에 끓인다.

내열용기에 찹쌀가루, 설탕B, 소금을 넣어 섞는다.

5를 30g으로 소분하고 둥글납작하게 편다.

8에 7을 올려 감싼다.

3에 미지근한 물을 넣어 골고루 섞는다.

랩을 씌워 전자레인지에 1분간 돌린 후 꺼내 주걱으로 골고루 섞는다. 이 과정을 2~3번 더 반복한다.

2의 앙금을 20g씩 분할하여 둥글납작하게 편 후 꼭지를 딴 딸기를 올려 감싼다.

끝부분을 꼭 집어서 마무리한다.

둥글게 빚어 옥수수 전분 위에 굴린다.

Del Monte
Quality
후레쉬컷
황도 2절
Quality

04 채소&과일 통조림

토마토 통조림으로 토마토소스를 만들어 두면 고기 요리나 면 요리에 두루 활용할 수 있고, 달큼한 맛이 일품인 죽순은 중식 요리와 잘 어울린다. 또한 제과점에서 많이 쓰는 밤 통조림이나 올리브 통조림을 이용해 가정에서 쉽게 만들 수 있는 브런치와 디저트 메뉴를 소개한다.

새콤 짭짤한 토마토소스로 풍미를 끌어올린

토마토 삼겹살조림

홀토마토(국물 포함) 400g
병아리콩 50g

통삼겹살 200g
양파 1/4개(50g)
마늘 1쪽
월계수잎 1장
레드 와인 1/2컵(100㎖)
소금 약간
후추 약간
올리브유 1작은술

다진 파슬리 약간

01 홀토마토는 굵게 자르고, 병아리콩은 체에 밭쳐 물기를 뺀다.

02 삼겹살에 소금, 후추를 뿌린다.

03 양파는 사방 1cm 크기로 깍둑썰기 하고, 마늘은 다진다.

04 달군 냄비에 올리브유를 두르고 삼겹살의 겉면이 바삭하게 구워지도록 중불에 구워 꺼내 놓는다.

05 **04**의 냄비에 양파를 넣고 양파가 투명해질 때까지 중불에 볶다가 마늘을 넣어 노릇하게 볶는다.

06 **05**에 레드 와인을 넣고 끓어오르면 홀토마토와 국물, 월계수 잎을 넣고 끓인다.

07 끓기 시작하면 병아리콩과 **04**의 삼겹살을 넣는다.

08 소스가 1/3로 졸여질 때까지 뚜껑을 덮고 약불에 30~40분간 끓인다. 이때 중간중간 삼겹살을 돌려준다.

09 삼겹살과 월계수 잎을 꺼내고 소금, 후추로 간한다.

10 접시에 소스를 담고 먹기 좋은 크기로 자른 삼겹살을 올린다.

+TIP

+ 파스타면을 삶아 함께 곁들여도 잘 어울린다.
+ 홀토마토 통조림 대신 방울토마토 통조림을 써도 된다.

토마토 삼겹살조림 만드는 법

병아리콩은 체에 밭쳐 물기를 뺀다.

삼겹살에 소금, 후추를 뿌린다.

양파는 사방 1cm 크기로 깍둑썰기 한다.

레드 와인을 넣고 끓인다.

홀토마토와 토마토 국물, 월계수 잎을 넣고 끓인다.

8이 끓기 시작하면 병아리콩과 삼겹살을 넣는다.

마늘은 다진다.

달군 냄비에 올리브유를 두르고 삼겹살 겉면이 바삭해지도록 중불에 굽는다.

5의 삼겹살을 꺼내고 양파와 마늘을 넣어 노릇하게 볶는다.

소스가 $^{1}/_{3}$로 졸여질 때까지 뚜껑을 덮고 약불에 30~40분간 삼겹살을 뒤집어가며 끓인다.

삼겹살과 월계수 잎을 꺼낸다.

소금, 후추로 간한다.

토마토소스

샥슈카

토마토소스 만드는 법

팬에 올리브유를 두르고 잘게 다진 마늘과 양파를 넣어 노릇하게 볶는다.

홀토마토를 손으로 으깨어 넣고 나무 주걱으로 저어가며 끓인다.

2를 믹서에 곱게 간다.

팬에 3과 토마토 페이스트, 드라이 파슬리, 드라이 오레가노, 월계수잎, 설탕, 소금, 후추를 넣고 끓인다.

4를 가끔씩 저어가며 30분간 끓인 뒤 월계수 잎을 꺼낸다.

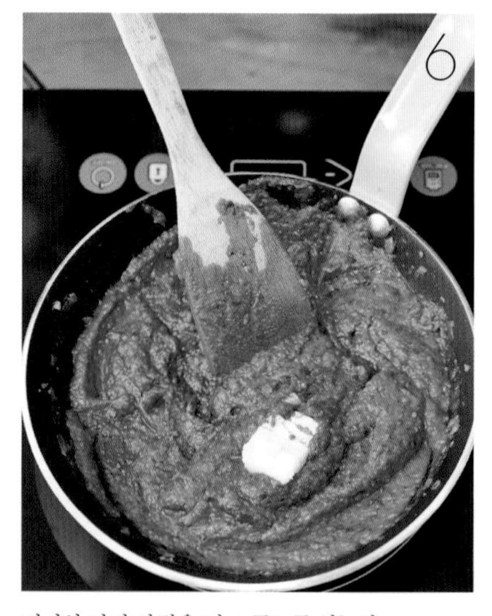

버터와 다진 바질을 넣고 골고루 섞는다.

고기 없이도 감칠맛 나는

토마토소스

홀토마토 400g
토마토 페이스트 2큰술

양파(중) 1개(200g)
마늘 2쪽
다진 바질 1/2큰술
월계수 잎 1장
드라이 파슬리 1/3작은술
드라이 오레가노 1/2큰술
설탕 1/4큰술
소금 1작은술
후추 약간
올리브유 1큰술
버터 1큰술

01 양파와 마늘은 잘게 다진다.

02 팬에 올리브유를 두르고 **01**의 양파와 마늘을 넣어 중불에 노릇하게 볶는다.

03 **02**에 홀토마토를 손으로 으깨어 넣고 나무 주걱으로 저어가며 중불에 끓인다.

04 **03**을 믹서에 곱게 간다.

05 팬에 **04**, 토마토 페이스트, 설탕, 드라이 파슬리, 드라이 오레가노, 월계수 잎, 소금, 후추를 넣어 섞고 끓인다.

06 **05**를 가끔씩 저어가며 30분간 약불에 끓인다.

07 불을 끄고 월계수 잎을 꺼낸 뒤 버터와 다진 바질을 넣고 골고루 섞는다.

08 **07**의 토마토소스는 한 김 식혀서 소독한 밀폐용기에 담아 냉장 보관한다.

+TIP

+ 만능 토마토소스로 샥슈카, 파스타, 피자, 고기 요리, 해산물 요리 등에 다양하게 사용할 수 있다.
+ 대용량으로 만들어 소량 계량한 뒤 냉동실에 보관하고 필요할 때마다 꺼내 사용하면 편리하다. 냉동실에서는 1달, 냉장실에서는 1주일~10일간 보관 가능하다.

샥슈카 만드는 법

붉은 파프리카와 풋고추는 씨를 제거하고 사방 0.5cm 크기로 썬다.

팬에 올리브유를 두르고 양파를 노릇하게 볶다가 파프리카, 풋고추를 넣고 중불에 볶는다.

마늘을 넣고 2분간 볶다가 커민 가루, 카이엔 페퍼 가루, 파프리카 가루를 넣고 볶는다.

토마토소스를 넣고 5분간 중불에 끓이다가 소금, 후추로 간한다.

달걀을 얹고 뚜껑을 덮어 노른자가 반숙이 될 때까지 약불에 끓인다.

바질을 손으로 뜯어 올리고, 파마산치즈 가루를 뿌린다.

중동식 토마토 달걀 요리

샤슈카

토마토소스 250g
↳ p.147 참조
달걀 2~3개
양파 1/4개(50g)
풋고추 1개
붉은 파프리카 1/2개
마늘 1쪽
커민 가루 1/3큰술
카이엔 페퍼 가루 한 꼬집
파프리카 가루 1작은술
소금 약간
후추 약간
올리브유 1큰술

파마산치즈 가루 2큰술
바질 적당량

01 양파와 마늘을 다진다.

02 붉은 파프리카와 풋고추는 씨를 제거하고 사방 0.5cm 크기로 썬다.

03 팬에 올리브유를 두르고 양파를 노릇하게 볶다가 붉은 파프리카, 풋고추를 넣고 중불에 볶는다.

04 03에 마늘을 넣고 2분간 볶다가 커민 가루, 카이엔 페퍼 가루, 파프리카 가루를 넣고 볶는다.

05 04에 토마토소스를 넣고 5분간 중불에 끓이다가 소금, 후추로 간한다.

06 05에 노른자가 깨지지 않도록 달걀을 얹고 뚜껑을 덮어 노른자가 반 정도 익을 때까지 약불에 끓인다.

07 06에 바질을 손으로 뜯어 올리고, 파마산치즈 가루를 뿌린다.

+TIP

+ 바삭하게 구운 빵과 함께 곁들여 먹는다.
+ 달걀의 개수는 달걀 크기와 그릇 크기에 따라 조절한다.
+ 크러쉬드 레드페퍼를 곁들이거나 풋고추 대신 청양고추나 할라피뇨를 사용하면 매콤한 맛의 샤슈카를 즐길 수 있다.

푹 끓인 토마토소스와 버섯의 풍미

토마토 리소토

다이스드 토마토 200g

쌀 150g
마늘 1쪽
양파 1/4개(50g)
베이컨 2장
양송이 6개
황금송이버섯 20g
뜨거운 닭육수 2컵(400㎖)
올리브유 1큰술
소금 약간
후추 약간

파마산치즈 가루 적당량
다진 파슬리 적당량

01 양파와 마늘은 굵게 다지고, 베이컨은 1cm 두께로 썬다.

02 양송이는 0.5cm 두께로 썰고, 황금송이버섯은 밑동을 제거한다.

03 냄비에 올리브유를 두르고 마늘을 넣어 약불에 향이 날 때까지 볶다가 양파, 베이컨을 넣고 노릇하게 볶는다.

04 03에 양송이, 황금송이버섯을 넣고 가볍게 볶다가 쌀을 넣고 쌀이 투명해질 때까지 볶는다.

05 04에 다이스드 토마토와 닭육수 반 컵을 넣고 저어가며 수분이 거의 없어질 때까지 중약불에 끓인다.

06 05에 남은 닭육수 반 컵을 넣고 저어가며 수분이 거의 없어질 때까지 끓이는 과정을 2번 더 반복한다.

07 쌀알이 살짝 씹히는 정도의 알덴테 상태가 되면 소금, 후추로 간하고 접시에 담아 파마산 치즈와 다진 파슬리를 뿌린다.

+TIP

+ 시판 닭육수를 사용할 경우 제품에 따라 필요한 물의 양이 다르므로 사용법을 확인한 뒤 계량하여 사용한다.
+ 닭육수를 여러 번에 나누어 넣어야 쌀이 불지 않고 씹는 맛이 좋다.
+ 쌀알을 익히는 정도는 개인의 취향에 따라 조절한다.
+ 리소토에 사용하는 쌀은 씻지 않고 바로 사용한다.

토마토 리소토 만드는 법

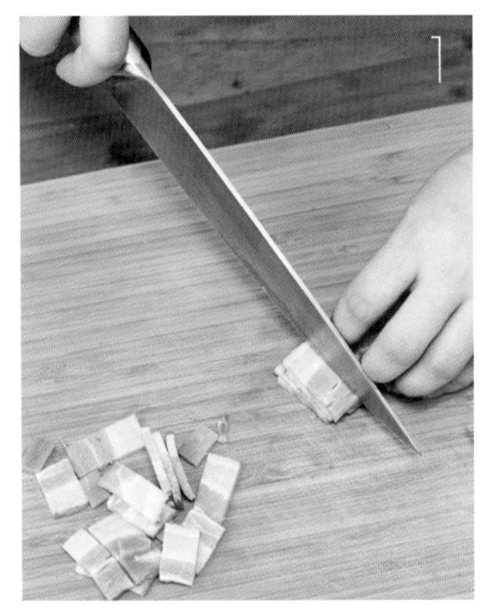

베이컨은 1cm 두께로 썰고, 양파와 마늘은 다진다.

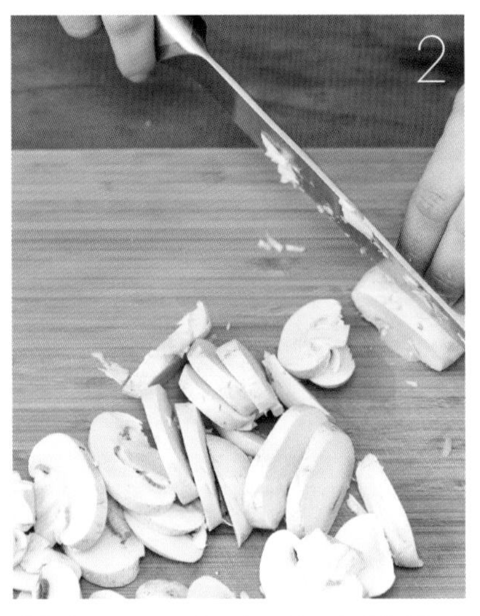

양송이는 0.5cm 두께로 썰고, 황금송이버섯은 밑동을 제거한다.

냄비에 올리브유를 두르고, 다진 마늘을 넣어 볶는다.

6에 다이스드 토마토와 닭육수 반 컵을 넣고 저어가며 수분이 거의 없어질 때까지 끓인다.

남은 닭육수 반 컵을 붓는다.

3에 양파, 베이컨을 넣고 노릇하게 볶는다.

양송이, 황금송이버섯을 넣고 가볍게 볶는다.

쌀을 넣고 쌀이 투명해질 때까지 볶는다.

9를 주걱으로 저어가며 국물이 졸아들 때까지 끓이고 닭육수를 붓는 과정을 2번 더 반복해 쌀알이 살짝 씹히는 정도의 알덴테 상태로 만든다.

소금, 후추로 간하고 접시에 담아 파마산 치즈와 다진 파슬리를 뿌린다.

달큼한 죽순 소보로가 아삭아삭 씹히는

죽순 돼지고기 소보로 컵스시

죽순 125g

다진 돼지고기 125g
다진 마늘 1작은술
청주 2큰술
간장 2큰술
설탕 1큰술
굴소스 1작은술
후추 약간
달걀 2개
소금 한 꼬집
올리브유 1/2작은술
밥 400g
스시초
↳ TIP 참조
통깨 1큰술

채 썬 오이 적당량
연어알 적당량

01 석회질을 제거한 죽순은 체에 밭쳐 물기를 뺀 후 잘게 다지고, 다진 돼지고기는 종이타월에 올려 핏물을 제거한다.

02 기름을 두르지 않은 팬에 **01**의 죽순과 다진 돼지고기를 넣고 젓가락으로 볶다가 다진 마늘, 청주, 간장, 설탕, 굴소스, 후추를 넣고 약불에 볶는다.

03 돼지고기가 하얗게 되기 시작하면 불을 중불로 올리고 젓가락으로 저어가며 수분이 없어질 때까지 볶는다.

04 따뜻한 밥에 한 김 식힌 스시초와 깨를 넣어 주걱으로 자르듯이 섞는다.

05 달걀을 풀어 체에 한 번 내리고 소금으로 간한다.

06 팬에 올리브유를 두르고 **05**의 달걀물을 넣어 젓가락으로 저어가며 약불에 볶아 스크램블 에그를 만든다.

07 컵에 **04**의 밥, **03**의 죽순 돼지고기 소보로, **06**의 스크램블 에그, **04**의 밥, 죽순 돼지고기 소보로 순으로 눌러 담고 채 썬 오이와 연어알을 올린다.

+TIP

+ 죽순은 반으로 잘라 안쪽의 석회질을 이쑤시개로 긁어 파낸 후 물에 깨끗이 씻어 사용한다.
+ 스시초: 현미식초 3큰술, 설탕 1+1/2큰술, 소금 한 꼬집을 냄비에 넣어 설탕이 녹을 정도로만 살짝 끓인다. 내열용기에 넣어 랩을 씌운 뒤 전자레인지에 30초간 돌려도 된다.
+ 연어알은 없으면 생략하거나 명태알로 대체해도 된다.

죽순 돼지고기 소보로 컵스시 만드는 법

손질한 죽순은 체에 밭쳐 물기를 뺀 뒤 잘게 다진다.

팬에 다진 돼지고기와 죽순을 넣고 젓가락으로 볶는다.

6을 체에 한 번 내리고 소금으로 간한다.

팬에 올리브유를 두르고 7의 달걀물을 넣어 약불에서 젓가락으로 저어가며 볶아 스크램블 에그를 만든다.

3에 다진 마늘, 청주, 간장, 설탕, 굴소스, 후추를 넣고 약불에 볶는다.

따듯한 밥에 스시초와 깨를 넣어 주걱으로 자르듯 섞는다.

달걀을 푼다.

컵에 5의 밥, 4의 죽순 돼지고기 소보로, 9의 스크램블 에그, 5의 밥 순으로 눌러 담는다.

맨 위에 4의 죽순 돼지고기 소보로를 올린다.

채 썬 오이와 연어알을 올린다.

달큼하고 시원한 국물 맛

죽순 우동

죽순 100g

유부 2개
다시물 2+$^{1}/_{2}$컵(500㎖)
일본 간장(우스구치) 2+$^{1}/_{3}$큰술
미림 4작은술
분말 치킨스톡 1작은술
설탕 한 꼬집
소금 $^{1}/_{2}$작은술
우동 생면 2팩

조림 소스
다시마 국물 60㎖
↳ p.91 TIP 참조
일본 간장(우스구치) 2큰술
미림 2큰술
설탕 2큰술
분말 치킨스톡 $^{1}/_{2}$작은술

삶은 달걀 1개
쪽파 적당량

01 유부는 2cm 두께로 썬다.

02 손질한 죽순을 유부 길이로 썰고 모양을 살려 0.2cm 두께로 자른다.

03 삶은 물에 유부를 넣고 1분간 삶다가 꺼내 체에 밭쳐 물기를 빼고 손으로 꾹 짜서 물기를 제거한다.

04 냄비에 조림 소스 재료를 넣고 한소끔 끓이다가 죽순을 넣고 약불에 10분간 졸인다.

05 **04**에 유부를 넣고 3분간 약불에 졸인다.

06 삶은 달걀은 반으로 자르고, 쪽파는 송송 썬다.

07 냄비에 다시물, 간장, 미림, 분말 치킨스톡, 설탕, 소금을 넣고 한소끔 끓인다.

08 우동을 삶아 그릇에 담고 **07**의 국물을 붓는다.

09 **08**에 **05**의 죽순과 유부를 얹는다.

10 삶은 달걀을 얹고, 쪽파를 뿌린다.

+TIP
+ 죽순 손질은 죽순 돼지고기 소보로 컵스시(p.155)에 있는 팁 참조
+ 텐까스, 어묵, 미역, 튀김 등의 다양한 재료를 곁들여도 좋다.

죽순 우동 만드는 법

유부는 2cm 두께로 썬다.

죽순은 깨끗이 씻어 유부 길이로 썰고 모양을 살려 0.2cm 두께로 자른다.

삶은 물에 유부를 1분간 데쳐 체에 밭쳤다가 식으면 물기를 꼭 짠다.

쪽파를 송송 썬다.

삶은 달걀을 반으로 자른다.

냄비에 다시마 국물, 간장, 미림, 분말 치킨스톡, 설탕, 소금을 넣고 한소끔 끓인다.

냄비에 조림 소스 재료를 넣고 한소끔 끓인다.

4에 죽순을 넣고 약불에 10분간 졸이다가 3의 유부를 넣고 3분간 졸인다.

우동을 삶아 그릇에 담고 9의 국물을 붓는다.

10에 6의 죽순과 유부를 올리고, 쪽파를 뿌린다.

삶은 달걀을 가운데 올린다.

바삭하고 쫄깃한 만두피의 매력

죽순 군만두

죽순 150g

표고버섯 50g
새우살 150g
대파 1대
생강 1쪽
간장 $1+{}^{1}/_{2}$큰술
설탕 2큰술
참기름 2작은술
만두피 15장
올리브유 1큰술
밀가루 물 1큰술
↳ TIP 참조
참기름 ${}^{1}/_{2}$작은술

14개~16개

01 손질한 죽순은 체에 밭쳐 물기를 뺀다.

02 **01**의 죽순, 표고버섯, 새우, 대파, 생강은 굵게 다진다.

03 볼에 **02**를 담고 간장, 설탕, 참기름을 넣어 골고루 섞는다.

04 만두피에 **03**의 소를 넣고 만두를 빚는다.

05 팬에 올리브유를 두르고 만두를 넣은 뒤 바닥이 노릇하게 구워지도록 중불에 굽는다.

06 **05**에 밀가루 물을 부어 얇게 깔고 뚜껑을 덮어 타닥타닥 소리가 날 때까지 약불에 굽는다.

07 뚜껑을 열고 참기름을 두른 뒤 중불에 30초간 굽는다.

+TIP

+ 죽순 손질은 죽순 돼지고기 소보로 컵스시(p.155)에 있는 팁 참조
+ 취향에 따라 간장 소스와 함께 곁들인다. 간장 소스는 간장 2큰술과 식초 2큰술를 섞고 연겨자를 곁들인다.
+ 밀가루 물은 밀가루 1작은술과 물 1큰술을 섞어 만든다.
+ 찜기에 넣어 10분간 찌면 찐만두로도 즐길 수 있다.

죽순 군만두 만드는 법

체에 밭쳐 물기를 뺀 죽순을 굵게 다진다.

대파는 4등분 하여 길이대로 잘게 칼집을 낸다.

골고루 섞어 소를 만든다.

만두피에 7의 소를 넣고 만두를 빚는다.

팬에 올리브유를 두른다.

3을 다진다.

새우와 생강도 굵게 다진다.

볼에 손질한 죽순, 버섯, 대파, 새우, 생강을 담고 간장, 설탕, 참기름을 넣는다.

만두를 넣고 중불에 굽다가 밀가루 물을 부어 얇게 깐다.

뚜껑을 덮고 타닥타닥 소리가 날 때까지 약불에 굽는다.

뚜껑을 열고 참기름을 두른 뒤 중불에 30초간 굽는다.

올리브 치즈빵

올리브 타페나드를 올린
타파스

올리브 타페나드를 올린 타파스 만드는 법

올리브는 체에 밭쳐 수분을 뺀다.

올리브, 안초비, 케이퍼, 파슬리를 곱게 다져 볼에 담고, 디종머스터드를 넣는다.

2에 레몬즙을 넣고 골고루 섞는다.

올리브유를 조금씩 넣어가며 골고루 섞는다.

노릇하게 구운 바게트 슬라이스 위에 4를 올린다.

5에 썬드라이드 토마토와 반으로 자른 무화과를 올린다.

말린 과일과 올리브의 풍미가 어우러진

올리브 타페나드를 올린 타파스

블랙 올리브 200g
그린 올리브 100g

안초비 2마리
케이퍼 1큰술
다진 마늘 1/2작은술
다진 파슬리 3큰술
디종 머스터드 1/2작은술
레몬즙 2큰술
올리브유 2큰술
썬드라이드 토마토 8개
건무화과 8개
바게트 슬라이스 8조각

01 블랙 올리브와 그린 올리브는 체에 밭쳐 수분을 뺀다.

02 **01**의 올리브, 안초비, 케이퍼를 곱게 다진다.

03 썬드라이드 토마토는 굵직하게 자르고, 건무화과는 물에 불려 반으로 자른다.

04 볼에 **02**, 다진 마늘, 다진 파슬리, 디종 머스터드, 레몬즙을 넣고 골고루 섞는다.

05 **04**에 올리브유를 조금씩 넣어가며 골고루 섞는다.

06 노릇하게 구운 바게트빵 위에 **05**의 타페나드를 올린다.

07 **06**에 썬드라이드 토마토와 건무화과를 올린다.

+TIP

+ 만든 타페나드는 밀폐용기에 담아 냉장고에 보관하면 1주일~10일간 보관할 수 있다.
+ 건무화과는 꼭지를 떼어낸 다음 미지근한 물이나 럼에 10분 정도 불린다. 생무화과가 있으면 생무화과를 사용한다.
+ 그린 올리브가 없다면 블랙 올리브만 사용해도 된다.

올리브 치즈빵 만드는 법

올리브는 체에 밭쳐 물기를 뺀 뒤 0.5cm 두께로 썬다.

바게트에 반으로 자른 마늘을 문질러 마늘향을 입힌다.

볼에 1의 올리브, 굵게 다진 양파, 버터, 마요네즈를 넣어 골고루 섞는다.

오븐팬에 2의 바게트를 올린 뒤 3을 올린다.

몬터레이잭 치즈를 뿌린다.

170℃로 예열한 오븐에 25~30분 동안 노릇하게 굽는다.

그윽한 올리브와 치즈향이 물씬

올리브 치즈빵

블랙 올리브 100g

양파 1/2개(100g)
마늘 1쪽
피자 치즈 100g
가염버터 2큰술
마요네즈 2+1/2큰술
미니 바게트 1/2개

다진 파슬리 적당량

01 블랙 올리브는 체에 밭쳐 물기를 빼고 0.5cm 두께로 썬다.

02 양파는 굵게 다진다.

03 볼에 **01**의 블랙 올리브, **02**의 양파, 버터, 마요네즈를 넣고 골고루 섞는다.

04 바게트 위에 반으로 자른 마늘을 문질러서 마늘의 향을 입힌다.

05 오븐팬에 오븐 시트를 깔고 **04**의 바게트를 올린 뒤 **03**을 올린다.

06 **05**에 피자 치즈를 뿌리고 170℃로 예열한 오븐에 25~30분간 노릇하게 굽는다.

07 다진 파슬리를 뿌리고 먹기 편한 크기로 자른다.

+TIP

+ 버터는 실온에 두어 크림 상태로 만들거나 전자레인지에 돌려 크림 상태로 만들어 사용한다.
+ 미니 바게트 대신 일반 바게트를 잘라 사용해도 된다.
+ 가염버터 대신 무염버터를 사용하고 소금 한 꼬집을 넣어도 된다.

표면을 톡 깨면 부드러운 푸딩이

밤 크렘브륄레

밤 200g

달걀노른자 3개
우유 1컵
생크림 1/2컵(100㎖)
설탕 70g
버터 약간
황설탕 적당량

01 밤은 체에 밭쳐 물기를 빼고 내열용기에 넣어 랩을 씌운 뒤 전자레인지에 5분간 돌린다.

02 볼에 달걀노른자를 풀고 설탕을 넣어 거품기로 설탕이 녹을 때까지 섞는다.

03 냄비에 우유, 생크림을 넣고 한소끔 끓여 한 김 식힌다.

04 **01**의 밤을 체에 내려 **02**에 섞는다.

05 **04**에 **03**을 조금씩 부어가며 거품기로 섞고 체에 한번 거른다.

06 버터를 바른 푸딩 용기에 **05**를 70% 정도 담고 종이타월로 윗면을 가볍게 눌러 거품을 제거한다.

07 철판 위에 행주를 깔고 따뜻한 물을 2cm 정도 부은 뒤 **06**을 올린다.

08 170℃로 예열한 오븐에 옆으로 들어도 흐르지 않을 정도가 될 때까지 약 30~35분간 굽는다.

09 밤 크렘브륄레를 냉장고에 넣어 식으면 황설탕을 골고루 뿌리고 가스 토치로 설탕을 녹여 캐러멜화시킨다.

+TIP

+ 과정 **02**에서 설탕이 잘 녹지 않으면 같은 사이즈의 볼에 미지근한 물을 담고 **02**의 볼을 올려 거품기로 섞는다.
+ 과정 **09**에서 토치가 없다면 오븐에 설탕이 녹을 때까지 굽는다.
+ 크렘브륄레는 커스터드 푸딩 위에 설탕을 뿌린 뒤 불로 그을려 바삭한 캐러멜을 올린 프랑스식 디저트이다.

밤 크렘브륄레 만드는 법

밤은 체에 밭쳐 물기를 뺀 뒤 내열용기에 담아 랩을 씌우고 전자레인지에 5분간 돌린다.

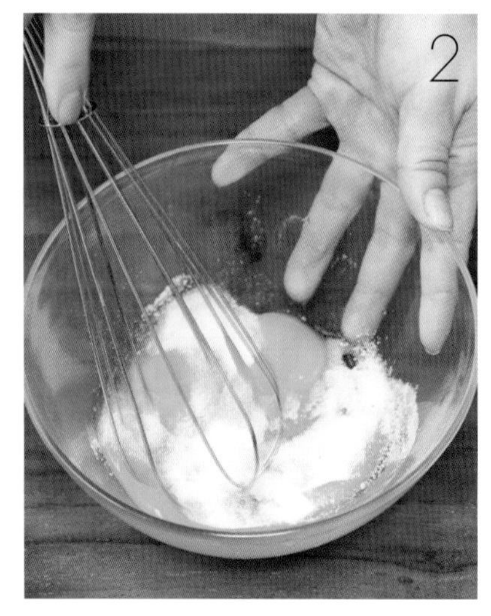

볼에 달걀노른자를 풀고 설탕을 넣어 거품기로 설탕이 녹을 때까지 섞는다.

6을 체에 한 번 거른다.

푸딩 용기에 버터를 고루 바른다.

푸딩 용기에 7을 70% 정도 담는다.

냄비에 우유, 생크림을 넣고 한소끔 끓여 한 김 식힌다.

1의 밤을 체에 내려 3에 섞는다.

5에 4의 우유 혼합물을 조금씩 부어가며 거품기로 섞는다.

철판 위에 행주를 깔고 따뜻한 물을 2cm 정도 부은 뒤 9의 푸딩 용기를 올린다.

170℃로 예열한 오븐에 약 30~35분간 구운 뒤 냉장고에 넣고 식혀 황설탕을 고루 뿌린다.

가스 토치로 설탕을 녹여 카라멜화시킨다.

캐러멜 입힌 피칸을 곁들인

밤라떼

밤 8개

피칸 1컵(84g)
설탕 1컵
황설탕 $^{1}/_{2}$컵
물 $^{3}/_{4}$컵(150㎖)
스팀밀크 50~100㎖
↳ TIP 참조
에스프레소 2샷

다진 피칸 적당량

2잔

01 밤은 체에 밭쳐 물기를 뺀다.

02 냄비에 황설탕과 물 반 컵을 붓고 설탕이 녹을 때까지 중불에 끓인다.

03 블렌더에 **01**의 밤을 넣고 **02**를 부어 부드럽게 간다.

04 작은 냄비에 설탕과 물 $^{1}/_{4}$컵을 넣고 캐러멜색이 날 때까지 젓지 않고 그대로 끓인 뒤 밝은 캐러멜색이 되면 피칸을 넣는다.

05 **04**의 피칸을 오븐 시트 위에 하나씩 떼어내 굳힌다.

06 블렌더에 **05**의 피칸을 넣고 굵직하게 다진다.

07 2개의 잔에 **03**을 나눠 담고 **06**의 다진 피칸을 $^{1}/_{4}$씩 넣는다.

08 **07**에 에스프레소를 1샷씩 내리고 스팀밀크를 나눠 붓는다.

09 남은 **06**의 피칸을 올려 완성한다.

+TIP

+ 스팀밀크: 우유를 60~70℃로 데워서 전기전동기나 프렌치프레스로 스팀밀크를 만든다.
+ 스팀밀크의 양은 잔의 크기에 맞춰 조절한다.

밤라떼 만드는 법

밤은 체에 밭쳐 물기를 뺀다.

냄비에 황설탕과 물 반 컵을 붓고 설탕이 녹을 때까지 끓인다.

믹서에 1의 밤을 넣고 2를 부어 부드럽게 간다.

블렌더에 6의 피칸을 넣고 굵직하게 다진다.

9

3의 혼합물을 잔에 담고 8의 다진 피칸을 $1/4$씩 넣는다.

냄비에 설탕과 물 1/4컵을 넣고 끓인다.

4가 밝은 캐러멜색이 되면 피칸을 넣는다.

5의 피칸을 오븐 시트 위에 하나씩 떼어내 굳힌다.

9에 에스프레소 1샷을 내린다.

스팀밀크를 나눠 붓는다.

남은 피칸을 올려 완성한다.

밤양갱

밤바스

밤바스 만드는 법

밤은 체에 밭쳐 물기를 뺀 뒤 종이타월로 물기를 닦는다.

냄비에 식용유를 넣고 170℃로 달궈 1을 넣고 노릇하게 튀긴다.

다른 냄비에 2의 식용유 $^{1}/_{2}$큰술, 물 $^{1}/_{2}$큰술, 설탕을 넣고 약불에 끓이다가 2의 밤을 넣는다.

작은 거품이 나면서 투명해지면 불을 끄고, 남은 물 1큰술을 넣고 골고루 섞는다.

4를 식혀 참기름을 넣은 볼에 담고 검은깨를 뿌린 뒤 골고루 섞는다.

중국식 밤맛탕

밤바스

밤 250g

설탕 4큰술
물 1+1/2큰술
참기름 1/2큰술
식용유 적당량

01 밤은 체에 밭친 뒤 종이타월로 물기를 확실히 제거한다.

02 냄비에 식용유를 넣고 170℃로 달궈 **01**의 밤을 넣고 노릇하게 튀긴다.

03 다른 냄비에 **02**의 식용유 1/2큰술, 물 1/2큰술, 설탕을 넣고 약불에 끓인다.

04 **03**에 작은 거품이 나면서 투명해지면 불을 끄고 **02**의 밤과 남은 물 1큰술을 넣고 섞는다.

05 **04**를 식혀 참기름을 넣은 볼에 담고 검은 통깨를 뿌린다.

+TIP

+ 설탕을 넣은 후에는 쉽게 탈 수 있으니 주의한다.
+ 과정 **03**에서 시럽을 끓일 때 저으면 설탕이 굳어버리기 쉬우므로 젓지 않도록 주의한다.

밤양갱 만드는 법

냄비에 물과 한천가루, 설탕을 넣고 한천가루가 녹을 때까지 끓인다.

1에 팥과 소금을 넣고 10분간 저어가며 약불에 끓인다.

젤리 틀에 2의 식힌 앙금을 절반 정도 붓는다.

파운드 틀에 유산지를 깔고 2의 앙금을 반 정도 부은 뒤 밤의 1/2을 올리고 나머지 앙금을 붓는다.

3과 4에 남은 밤을 올린다.

냉장고에 굳힌 뒤 틀에서 꺼내 한입 크기로 자른다.

따뜻한 차와 곁들이기 좋은

밤양갱

팥 420g
밤 20개

설탕 2큰술
소금 한 꼬집
한천가루 1작은술
물 2컵(400㎖)

01 밤은 체에 밭쳐 물기를 빼고 2~4등분 한다.

02 냄비에 물과 한천가루를 넣고 한천가루가 녹을 때까지 저어가며 약불에 끓인다.

03 02에 설탕을 넣어 설탕이 녹을 때까지 저어가며 약불에 끓인다.

04 03에 팥과 소금을 넣고 10분간 저어가며 약불에 끓인다.

05 젤리 틀과 파운드 틀에 유산지를 깔고 한소끔 식힌 앙금을 틀 높이의 반까지 붓고 밤의 1/2을 얹는다.

06 05에 나머지 앙금을 붓고 남은 밤을 올린다.

07 냉장고에 30분 이상 굳혀 꺼낸 뒤 물을 묻힌 칼을 이용해 틀에서 꺼내고 한입 크기로 자른다.

+TIP

+ 양갱은 얼음물에 받쳐 고무주걱으로 저어주면 단시간에 식힐 수 있다.
+ 다양한 모양의 틀을 사용해 보자. 실리콘 틀은 랩을 깔지 않아도 된다.

고소한 땅콩향을 입은 달콤 짭짤한

코코넛밀크소스 볶음면

코코넛밀크 1컵(200㎖)

쌀국수 면 80g
새우(중간 크기) 10마리
양파 1/2개(100g)
부추 1/8단(100g)
숙주 1컵
다진 마늘 1작은술
건새우 1큰술
올리브유 1큰술
코코넛밀크소스

소스

땅콩소스 5큰술
레드 커리 페이스트 4작은술
다진 생강 1작은술
꿀 1큰술
레몬즙 1큰술
식초 2작은술
물 2큰술
소금 한 꼬집

다진 땅콩 1큰술
다진 고수 적당량

01 미지근한 물에 쌀국수 면이 하얗게 될 때까지 30분간 불린 뒤 꺼내 체에 밭쳐 물기를 뺀다.

02 양파는 다지고, 부추는 5cm 길이로 썬다.

03 숙주는 깨끗이 씻어 체에 밭쳐 물기를 빼고, 건새우는 굵게 다진다.

04 냄비에 코코넛밀크와 소스 재료를 넣고 중불에 한소끔 끓인다.

05 팬에 올리브유를 두르고 양파와 마늘을 넣어 볶다가 향이 나기 시작하면 새우를 넣고 새우가 불투명해질 때까지 볶는다.

06 **05**에 **01**의 쌀국수 면, 건새우, **04**의 코코넛밀크소스를 넣어 골고루 섞고 부추와 숙주를 넣어 30초간 중불에 볶는다.

07 그릇에 담고 다진 땅콩과 다진 고수를 뿌린다.

+TIP

+ 새우는 중간 크기의 흰다리새우나 블랙타이거 새우를 사용한다.
+ 고수는 취향에 따라 생략해도 된다.

코코넛밀크소스 볶음면 만드는 법

미지근한 물에 쌀국수 면을 30분간 불린다.

1을 체에 밭쳐 물기를 뺀다.

부추는 5cm 길이로 썰고, 숙주는 깨끗이 씻어 물기를 빼 준비한다.

8

팬에 올리브유를 두르고 양파와 마늘을 볶다가 새우를 넣는다.

새우가 불투명해질 때까지 볶는다.

건새우는 굵게 다진다.

양파는 곱게 다진다.

냄비에 코코넛밀크소스 재료를 넣고 중불에 한소끔 끓인다.

9에 쌀국수면, 건새우, 7의 코코넛밀크소스를 넣어 골고루 섞는다.

부추와 숙주를 넣는다.

30초간 중불에 볶는다.

달달하고 구수한 옥수수 알갱이가 콕콕

코코넛밀크 옥수수 스콘

코코넛밀크 1컵(200㎖)
옥수수 100g

피칸 50g
중력분 300g
설탕 50g
베이킹 파우더 1큰술
소금 $^{1}/_{2}$작은술
레몬 제스트 1작은술

코코넛밀크 글레이즈

코코넛밀크 $^{1}/_{2}$컵(100㎖)
슈가파우더 $^{1}/_{2}$컵(100g)

8개

01 옥수수는 체에 밭친 뒤 종이타월로 수분을 제거한다.

02 중력분과 베이킹파우더를 체에 내리고, 피칸은 굵게 다진다.

03 볼에 **01**, **02**, 소금, 설탕, 피칸, 레몬 제스트를 넣고 실리콘 주걱으로 가볍게 섞는다.

04 **03**에 코코넛밀크를 넣고 실리콘 주걱으로 가볍게 섞는다.

05 **04**의 반죽을 둥그렇게 뭉쳐 비닐팩에 담은 뒤 손으로 평평하게 펴서 냉장고에 30분간 휴지시킨다.

06 **05**를 꺼내 2cm 두께로 밀고 피자를 자르듯 스크래퍼로 8등분 한다.

07 오븐팬 위에 유산지를 깔고 **06**을 올린다.

08 220℃로 예열한 오븐에 15~20분 정도 노릇하게 굽는다.

09 볼에 코코넛밀크를 담고 슈가파우더를 넣어가며 골고루 섞어 글레이즈를 만든다.

10 바로 구워 낸 스콘 위에 글레이즈를 뿌린다.

+TIP

+ 레몬 제스트는 베이킹 소다를 푼 물에 레몬을 잠시 담갔다가 문질러 씻은 뒤 노란 껍질 부분만 강판에 갈아 만든다.
+ 코코넛 슬라이스를 글레이즈 한 스콘 위에 뿌리면 더욱 달콤하고 바삭한 식감을 즐길 수 있다.
+ 스콘에 들어가는 재료는 옥수수나 호두 외에도 다양한 말린 과일과 견과류를 사용할 수 있다.

코코넛밀크 옥수수 스콘 만드는 법

옥수수는 체에 밭친 뒤 종이타월로 수분을 제거한다.

중력분과 베이킹파우더를 체에 내린다.

피칸은 굵게 다진다.

6을 꺼내 2cm 두께로 민다.

반죽을 스크래퍼로 8등분 한다.

오븐팬에 유산지를 깔고 반죽을 올린다.

볼에 1, 2와 소금, 설탕, 피칸, 레몬 제스트를 넣고 가볍게 섞는다.

4에 코코넛밀크를 넣고 가볍게 섞는다.

5를 반죽해 둥그렇게 뭉친 뒤 비닐팩에 담아 냉장고에서 30분간 휴지시킨다.

220℃로 예열한 오븐에 15~20분 정도 굽는다.

볼에 코코넛밀크와 슈가파우더를 섞어 글레이즈를 만든다.

갓 구워 낸 스콘 위에 글레이즈를 뿌린다.

바삭한 크런치와 초콜릿의 어울림

코코넛밀크 강정

코코넛밀크 6큰술

설탕 5큰술
올리고당 5큰술
그래놀라 200g
피스타치오 40g
호두 40g
아몬드 40g
해바라기씨 40g
건크랜베리 40g

코코넛밀크 초코 프로스팅

코코넛밀크(통조림)
2+1/3큰술(35㎖)
초코칩 1/2컵
땅콩버터 1/4컵

15×15 무스틀 1개

01 기름을 두르지 않은 팬에 피스타치오, 호두, 아몬드, 해바라기씨를 넣고 볶아 꺼내 놓는다.

02 **01**의 팬에 코코넛밀크, 설탕, 올리고당을 넣고 중불에 한소끔 끓인다.

03 내열용기에 코코넛밀크, 초코칩, 땅콩버터를 넣고 전자레인지에 30초간 돌린 뒤 꺼내 섞고 다시 전자레인지에 30초간 돌려 섞는다.

04 **02**에 **01**, 그래놀라, 건크랜베리를 넣고 골고루 섞는다.

05 무스 틀에 유산지를 깔고 **04**를 눌러가며 평평하게 담고 **03**의 코코넛밀크 초코 프로스팅을 부어 평평하게 편다.

06 **05**의 코코넛밀크 강정을 냉장고에 1시간 동안 굳힌 뒤 꺼내 먹기 좋은 크기로 썬다.

+TIP

+ 냉장고에 남아 있는 견과류를 활용하기에 좋다.
+ 견과류를 굵게 다져서 사용해도 된다.

코코넛밀크 강정 만드는 법

기름을 두르지 않은 팬에 피스타치오, 호두, 아몬드, 해바라기씨를 볶은 뒤 꺼내 식힌다.

코코넛밀크, 설탕, 올리고당을 넣고 중불에 끓인다.

2를 중간중간 저어가며 소스의 양이 $^{1}/_{3}$로 줄 때까지 끓인다.

무스 틀에 유산지를 깔고 7을 붓는다.

주걱으로 눌러가며 평평하게 담는다.

내열용기에 코코넛밀크, 초코칩, 땅콩버터를 넣고 전자레인지에 30초간 돌리고 꺼내 섞는 과정을 두 번 반복한다.

3에 1의 견과류를 넣고 주걱으로 골고루 섞는다.

5에 그래놀라와 건크랜베리를 넣고 주걱으로 골고루 섞는다.

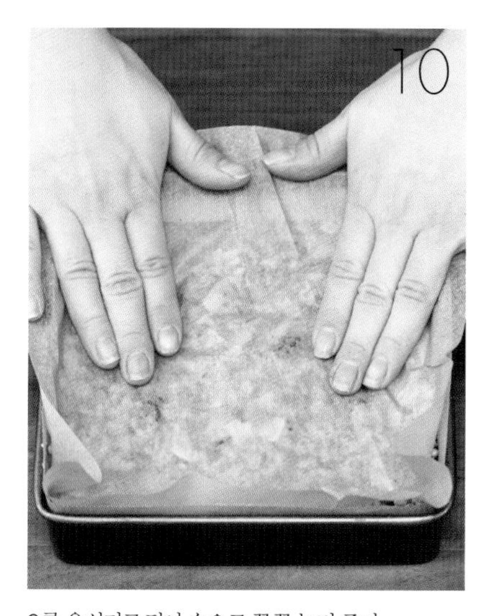

9를 유산지로 덮어 손으로 꾹꾹 눌러 준다.

12

4의 코코넛밀크 초코 프로스팅을 붓고, 주걱으로 평평하게 펴서 냉장고에 1시간 동안 굳힌다.

상큼한 과일과 향긋한 코코넛밀크크림

코코넛밀크크림 샌드위치

코코넛밀크 400㎖(1캔)

꿀 1큰술
바닐라에센스 1작은술
딸기 6개
키위 1개
파파야 1/2개
식빵 4장

01 코코넛밀크는 하루 전에 냉장고에 뒤집어서 넣어 두고 사용하기 1시간 전에 꺼낸다.

02 뚜껑을 열고 고체로 굳은 코코넛밀크만 조심스럽게 꺼내 볼에 담는다.

03 02를 휘핑기로 30초간 돌리다가 꿀을 넣고 다시 30초간 돌린다.

04 03에 바닐라에센스를 넣고 핸드믹서나 거품기의 끝으로 찍었을 때 끝이 약간 휘어지는 정도가 될 때까지 약 1~2분간 한 방향으로 휘핑한다.

05 딸기는 꼭지를 떼고 모양을 살려 0.5cm 두께로 썬다.

06 키위는 껍질을 벗기고 가로로 0.5cm 두께로 썬다.

07 파파야는 껍질을 벗기고 0.5cm 두께로 썰어 3cm 길이로 썬다.

08 식빵을 한 장 깔고 코코넛밀크크림을 넉넉히 바른 뒤 과일을 올린다.

09 08에 코코넛밀크크림을 바른 식빵을 덮고 랩으로 감싸 코코넛밀크크림이 단단하게 굳도록 약 30분~1시간 정도 냉장고에 둔다.

10 냉장고에서 꺼내 식빵의 테두리를 썰고 랩을 벗긴다.

11 샌드위치를 먹기 좋은 크기로 자른다.

+TIP

+ 샌드위치를 만들고 냉장고에 굳힐 시간이 부족하다면 냉동실에 5분~10분간 굳힌 뒤 먹기 좋은 크기로 잘라도 된다.
+ 코코넛밀크를 휘핑하기 전에 스테인리스 볼과 핸드믹서의 휘퍼나 거품기는 냉동실에 30분간 넣어두면 좋다.
+ 바닐라에센스는 생략해도 된다.
+ 파파야 대신 망고를 사용해도 되며, 프루츠 칵테일 통조림의 과일을 사용해도 된다.

코코넛밀크크림 샌드위치 만드는 법

차갑게 냉장한 코코넛밀크를 볼에 담고 휘핑기로 30초간 돌린다.

1에 꿀을 넣는다.

휘핑기로 다시 30초간 돌린다.

식빵에 코코넛밀크크림을 넉넉히 바른다.

7에 과일을 올린다.

식빵 한쪽 면에 코코넛밀크크림을 발라 8에 덮는다.

바닐라에센스를 넣는다.

휘핑기로 약 1~2분간 한 방향으로 휘핑한다.

딸기, 키위, 파파야는 손질한 뒤 0.5cm 두께로 썬다.

랩으로 감싸 크림이 굳도록 약 30분~1시간 정도 냉장고에 둔다.

냉장고에서 꺼내 식빵 테두리를 썬다.

랩을 벗긴 뒤 먹기 좋은 크기로 자른다.

복숭아살사 치킨 타코

복숭아 코코넛밀크
스무디

복숭아살사 치킨 타코 만드는 법

복숭아, 적양파, 토마토는 사방 1cm 크기로 깍둑썰기 한다.

1을 볼에 담고, 다진 파슬리, 레몬즙, 오렌지 주스, 소금, 후추를 넣고 골고루 섞는다.

팬에 올리브유를 두르고, 다진 마늘과 닭가슴살, 타코 시즈닝을 넣어 볶는다.

토르티야는 식힘망에 걸쳐 180℃로 예열한 오븐에 7~10분간 굽는다.

5에 3의 복숭아 살사와 4의 닭가슴살을 얹고 사워크림을 뿌린다.

달콤한 복숭아 과육을 듬뿍 올린

복숭아살사 치킨 타코

복숭아 4조각
닭가슴살 200g

적양파 1/4개(50g)
청양고추 1개
토마토 1/4개(50g)
다진 파슬리 1큰술
레몬즙 1/2큰술
오렌지 주스 2큰술
소금 약간
후추 약간
타코 시즈닝 1큰술
다진 마늘 1/2작은술
올리브유 1작은술
토르티야(6인치) 4장

사워크림 적당량

01 복숭아, 적양파, 토마토는 사방 1cm 크기로 깍둑썰기 한다.

02 청양고추는 씨를 빼고 잘게 다진다.

03 볼에 **01**, **02**, 다진 파슬리, 레몬즙, 오렌지 주스, 소금, 후추를 넣고 골고루 섞어 복숭아 살사를 만든다.

04 닭가슴살은 체에 밭쳐 물기를 뺀다.

05 팬에 올리브유를 두르고 다진 마늘을 넣어 향이 날 때까지 중불에 볶는다.

06 **05**에 닭가슴살과 타코 시즈닝을 넣고 중불에 볶는다.

07 토르티야는 식힘망에 걸쳐 180℃로 예열한 오븐에 7~10분간 노릇하게 구워 식힌다.

08 **07**에 **03**의 복숭아 살사와 **06**의 닭가슴살을 얹고 사워크림을 뿌린다.

+TIP

+ 취향에 따라 청양고추는 빼거나 추가해도 된다.
+ 좀 더 부드러운 타코를 먹고 싶다면 토르티야를 팬에 살짝 구워 사용한다.
+ 타코 시즈닝 대신 파히타 시즈닝을 사용해도 된다.

복숭아 코코넛밀크 스무디 만드는 법

복숭아는 큼직하게 자르고 국물을 계량한다.

바나나도 큼직하게 자른다.

1, 2를 냉동실에 얼린다.

믹서에 3과 코코넛밀크, 복숭아 통조림 국물, 레몬즙을 넣는다.

4를 곱게 간다.

컵에 붓는다.

부드럽고 새콤달콤한 맛과 향

복숭아 코코넛밀크 스무디

복숭아 3조각
복숭아 국물 1/4컵(50㎖)
코코넛밀크 1/2컵(100㎖)

바나나 1/2개
레몬즙 1/2작은술

약 400㎖

01 복숭아는 큼직하게 자르고 국물을 계량한다.

02 바나나는 껍질을 벗겨 큼직하게 자른다.

03 복숭아와 바나나를 냉동실에 3시간 정도 얼린다.

04 믹서에 **03**, 코코넛밀크, 복숭아 통조림 국물, 레몬즙을 넣고 곱게 간다.

05 컵에 **04**를 붓는다.

+TIP

+ 민트로 장식하면 색감과 향을 한층 더 끌어올릴 수 있다.
+ 레몬즙은 상큼한 맛을 더할 뿐만 아니라 바나나가 변색되는 것을 막아준다.

동남아의 향취가 느껴지는 새콤달콤한

파인애플 볶음밥

파인애플 2조각

밥(안남미) 320g
붉은 파프리카 1/4개(50g)
양파 1/4개(50g)
마늘 1쪽
캐슈넛 1/4컵
간장 1/2큰술
스리라차소스 1작은술
달걀 1개
라임즙 1작은술
코코넛유 1+1/3큰술
소금 약간
후추 약간

파슬리 적당량

01 파인애플은 체에 밭쳐 물기를 빼고 사방 1cm 크기로 깍둑썰기 한다.

02 붉은 파프리카와 양파는 사방 1cm 크기로 깍둑썰기 하고, 마늘은 얇게 편으로 썬다.

03 볼에 달걀을 풀고 소금 한 꼬집으로 간한다.

04 팬에 코코넛유 1/3큰술(1작은술)을 두르고 **03**을 넣어 젓가락으로 저어가며 익혀 스크램블 에그를 만든 뒤 접시에 덜어둔다.

05 **04**의 팬을 종이타월로 닦은 뒤 남은 코코넛유 1큰술을 두르고 마늘과 양파를 넣어 양파가 투명해질 때까지 볶는다.

06 **05**에 파프리카를 넣고 볶다가 파인애플과 캐슈넛을 넣고 30초간 볶는다.

07 **06**에 밥을 넣어 섞은 뒤 **04**의 스크램블 에그를 넣는다.

08 간장, 스리라차소스, 라임즙을 넣어 섞고 소금, 후추로 간한다.

09 접시에 담고 파슬리를 손으로 뜯어 장식한다.

+TIP

+ 안남미 대신 일반 밥을 사용해도 된다.
+ 캐슈넛은 마른 팬에 살짝 볶아서 사용하면 더욱 고소하게 즐길 수 있다.

파인애플 볶음밥 만드는 법

파인애플은 물기를 빼고 사방 1cm 크기로 깍둑썰기 한다.

붉은 파프리카는 사방 1cm 크기로 깍둑썰기 한다.

양파도 사방 1cm 크기로 깍둑썰기 한다.

6의 팬을 종이타월로 닦고 코코넛유 1큰술을 두른 뒤 마늘과 양파를 넣어 투명해질 때까지 볶는다.

7에 파프리카를 넣고 볶는다.

파인애플과 캐슈넛을 넣고 30초간 볶는다.

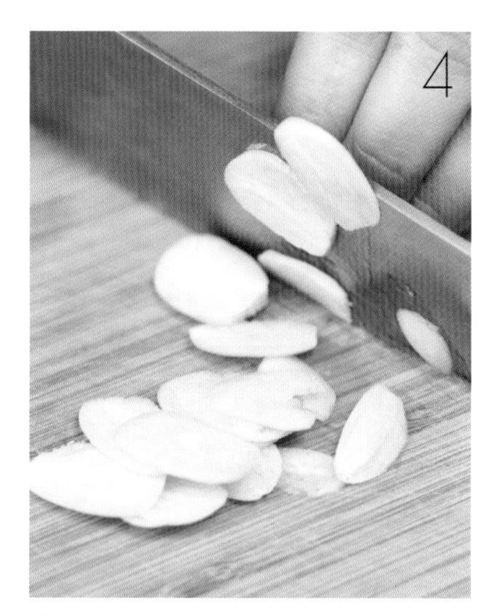

마늘은 얇게 편으로 썬다.

볼에 달걀을 풀고 소금 한 꼬집으로 간한다.

팬에 코코넛유를 두르고 5를 넣어 스크램블 에그를 만들어 덜어둔다.

9에 스크램블 에그와 밥을 넣어 섞는다.

스리라차소스, 간장, 라임즙을 넣어 섞고 소금, 후추로 간한다.

짭짤한 콘비프와 달콤한 과즙의 기막힌 조화

파인애플 콘비프 피자

파인애플 2조각
콘비프 50g

적양파 1/4개(50g)
청양고추 1개
바비큐소스 1/3컵
슈레드 모짜렐라치즈 1컵
도우 1개

도우 재료
강력분 150g
드라이이스트 1작은술
설탕 1작은술
소금 1/2작은술
올리브유 2작은술
미온수 90㎖

01 볼에 체친 강력분, 드라이이스트를 넣고 설탕, 소금, 미온수, 올리브유를 넣어 한 덩어리로 뭉친다.

02 반죽을 꺼내 조리대에 표면이 매끄럽게 될 때까지 반죽하고 볼에 다시 담은 뒤 랩을 씌워 반죽이 2배가 될 때까지 약 40분간 발효시킨다.

03 파인애플은 체에 밭쳐 물기를 빼고 8등분 한다.

04 적양파와 청양고추는 0.3cm 두께로 썬다.

05 02를 밀대로 얇게 밀어 바비큐소스를 바르고 슈레드 모짜렐라치즈의 1/2을 뿌린다.

06 05에 콘비프, 파인애플, 적양파, 청양고추를 골고루 얹는다.

07 06에 남은 슈레드 모짜렐라치즈를 뿌리고 250℃ 오븐에 10~15분간 노릇하게 굽는다.

+TIP

+ 취향에 따라 청양고추는 생략해도 된다.
+ 피자 도우 대신 토르티야를 사용해도 된다.

파인애플 콘비프 피자 만드는 법

볼에 체 친 강력분, 드라이이스트를 넣고 잘 섞는다.

1에 설탕, 소금, 미온수, 올리브유를 넣어 한 덩어리로 뭉친다.

청양고추는 0.3cm 두께로 어슷하게 썬다.

4를 밀대로 얇게 민다.

8에 바비큐소스를 펴 바른다.

반죽을 볼에 담아 랩을 씌운 뒤 2배로 커질 때까지 약 40분간 발효시킨다.

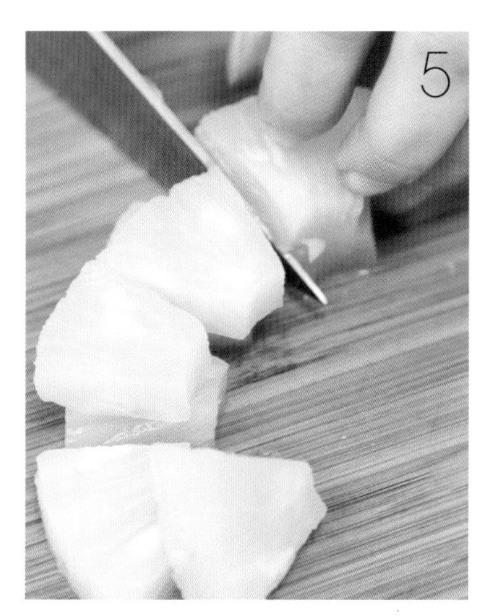

파인애플은 물기를 빼고 8등분 한다.

적양파는 0.3cm 두께로 썬다.

슈레드 모짜렐라치즈의 $^{1}/_{2}$과 콘비프를 뿌린다.

적양파, 청양고추, 파인애플을 골고루 얹는다.

남은 슈레드 모짜렐라치즈를 뿌리고 250℃ 오븐에 10~15분간 굽는다.

달콤 짭짤하니 중독성 있는 맛

파인애플 도넛

파인애플 3조각

우유 1/4컵(50㎖)
중력분 4/5컵
퍼피씨드 1큰술
베이킹파우더 2/3작은술
소금 한 꼬집
설탕 1/2컵
무염버터(실온) 1+1/2큰술
달걀(실온) 1개
바닐라 에센스 1/2작은술
베이컨 2줄

파인애플 글레이즈

파인애플 국물 1큰술
슈거파우더 1컵

01 파인애플은 체에 밭쳐 물기를 빼고 8등분 한다.

02 베이컨은 1cm 크기로 잘라 팬에 노릇하게 구운 뒤 종이타월 위에 올려 기름기를 뺀다.

03 중력분, 베이킹파우더, 소금을 체에 내린 뒤 볼에 넣고 퍼피씨드와 섞는다.

04 다른 볼에 실온에 둔 버터를 넣어 거품기로 풀고 설탕을 조금씩 넣어가며 녹인다.

05 **04**에 달걀과 바닐라 에센스를 넣어 섞고 우유를 부어 골고루 섞는다.

06 **05**에 **03**을 넣고 고무 주걱으로 가루가 보이지 않을 정도로만 가볍게 섞는다.

07 도넛 팬에 버터를 바르고 **06**의 반죽을 팬 높이의 1/3까지 넣는다.

08 **07**에 **01**의 파인애플과 **02**의 베이컨을 골고루 얹고 반죽을 팬 높이의 2/3까지 넣어 180℃로 예열한 오븐에 10~15분간 노릇하게 굽는다.

09 볼에 파인애플 국물과 슈거파우더를 넣고 거품기로 골고루 섞어 파인애플 글레이즈를 만든다.

10 식힌 도넛에 파인애플 글레이즈를 묻힌다.

+TIP

+ 버터와 달걀은 실온에 미리 꺼내 둔다.
+ 파인애플 글레이즈를 묻힌 도넛 위에 잘게 다진 견과류를 뿌려도 좋다.

파인애플 도넛 만드는 법

파인애플은 체에 밭쳐 물기를 빼고 8등분 한다.

중력분, 베이킹파우더, 소금을 체에 내린다.

2를 볼에 넣고 퍼피씨드와 섞는다.

도넛 팬에 버터를 바르고 7의 반죽을 팬 높이의 1/3 까지 넣는다.

8에 1의 파인애플을 올린다.

다른 볼에 실온에 둔 버터를 넣어 거품기로 풀고, 설탕을 조금씩 넣어가며 녹인다.

4에 계란과 바닐라에센스를 섞고 우유를 부어 골고루 섞는다.

5에 3을 넣고 가루가 보이지 않을 정도로만 가볍게 섞는다.

베이컨을 1cm 두께로 잘라 팬에 노릇하게 구운 뒤 9에 올린다.

반죽을 팬 높이의 $^{2}/_{3}$까지 넣어 180℃로 예열한 오븐에 10~15분간 노릇하게 굽는다.

볼에 파인애플 국물과 슈거 파우더를 섞어 글레이즈를 만든 뒤 식힌 도넛에 뿌린다.

오렌지
쟈스민
Orange Jasmine

05

빈 캔을 활용한 인테리어 소품

통조림을 먹고 남은 빈 캔, 재활용 분리수거함에 넣으면 그만이나 조금만 손보면 훌륭한 인테리어 소품으로 거듭날 수 있다. 화분, 화병, 향초, 수납통, 연필꽂이 등 비교적 적은 재료로, 손재주가 그리 뛰어나지 않아도 금방 따라 할 수 있는 인테리어 소품 만드는 법을 공개한다.

향초

재료

빈 통조림 캔 1개, 디자인 종이 1장, 양면테이프, 소이 왁스(네이처) 210g, 나무 심지 2개, 심지 클립 1개, 에센셜 오일 15g, 종이컵(10온즈) 1개, 나무젓가락 1개, 저울

1 빈 통조림 캔의 라벨을 제거하고 깨끗하게 세척한다. 2 통조림 캔을 감쌀 수 있도록 디자인 종이를 재단한 뒤 양면테이프로 붙인다. 3 나무 심지 2개를 세워 놓고 통조림 캔의 길이를 정해 가위로 자른다. 4 심지 클립에 **3**을 끼워 넣고 클립 밑면에 양면테이프를 붙여 통조림 캔 바닥의 중앙에 단단히 고정시킨다. 5 종이컵에 소이 왁스를 담고 전자레인지에 30초간 돌린 뒤 나무젓가락으로 섞는 과정을 소이 왁스가 완전히 녹을 때까지 반복한다. 6 **5**에 에센셜 오일을 넣고 골고루 섞는다. 7 **4**에 **6**의 소이 왁스를 천천히 붓고 1시간 이상 굳혀 완성한다.

화분

재료

빈 통조림 캔 1개, 작은 화초 1개 , 마스킹 테이프, 젯소, 칠판페인트, 붓, 분필, 송곳

1 빈 통조림 캔의 라벨을 제거하고 깨끗하게 세척한다. 2 통조림 바닥에 송곳으로 물빠짐 용 구멍을 5~6군데 뚫는다. 3 페인트를 칠하지 않을 부분에 마스킹 테이프를 꼼꼼히 붙인다. 4 젯소를 발라 건조시킨 뒤 칠판페인트를 바른다. 5 페인트가 충분히 건조되면 마스킹 테이프를 제거한다. 6 캔 화분에 화초를 옮겨 심는다. 7 화분의 이름을 분필로 적는다.

주방용품 수납통

재료

빈 통조림 캔 1개, 나무 도마 1개, 흰색 페인트 적당량, 붓, 시트지 적당량, 레이스 적당량, 글루건

1 빈 통조림 캔의 라벨을 제거하고 깨끗하게 세척한다. 2 통조림 캔을 감쌀 수 있도록 시트지를 재단한 뒤 기포가 생기지 않도록 붙인다. 3 레이스에 양면테이프를 붙여 통조림 캔의 위아래에 붙여 장식한다. 4 나무 도마에 흰색 페인트를 발라 말린 뒤 다시 한 번 페인트를 칠하고 말린다. 5 **4**의 나무 도마에 **3**의 통조림 캔을 글루건으로 붙인다. 6 벽에 달 수 있도록 끈을 달고 주방용품을 담는다.

3단 잡지꽂이

재료

빈 통조림 캔 3개, 나무판, 마스킹 테이프, 젯소, 칠판페인트, 붓, 포장지, 양면테이프, 분필, 전동드릴, 나사

1 빈 통조림 캔의 라벨을 제거하고 깨끗하게 세척한 뒤 밑면을 캔 따개로 떼어 낸다. 2 나무판을 벽에 걸 수 있도록 목공용 드릴로 구멍을 뚫는다. 3 통조림 캔의 바깥쪽과 경계선이 되는 안쪽에 마스킹 테이프를 붙이고 겉면에 젯소를 발라 말린 뒤 칠판페인트를 바른다. 4 **2**의 나무판에도 젯소를 발라 말린 뒤 칠판페인트를 바른다. 5 페인트가 충분히 마르면 마스킹 테이프를 제거한다. 6 통조림 캔을 감쌀 수 있도록 포장지를 재단한 뒤 양면테이프로 붙인다. 7 나무판에 **6**의 통조림 캔을 가로로 눕혀 나란히 나사로 고정시킨다. 8 나무판의 구멍에 끈을 달아 벽에 걸고 잡지를 둘둘 말아 꽂는다. 9 분필로 글씨를 쓰거나 그림을 그려 장식한다.

화병

재료

빈 통조림 캔 1개, 꽃다발 한 묶음, 천 적당량, 레이스 적당량, 양면테이프

1 빈 통조림 캔의 라벨을 제거하고 깨끗하게 세척한다. 2 통조림 캔을 감쌀 수 있도록 천을 재단한 뒤 양면테이프로 붙인다. 3 레이스에 양면테이프를 붙인 뒤 통조림 캔의 위아래에 붙여 장식한다. 4 **3**에 물을 붓고 꽃다발을 꽂는다.

5구 연필꽂이

재료

빈 통조림 캔 5개, 마끈 적당량, 글루건

1 빈 통조림 캔의 라벨을 제거하고 깨끗하게 세척한다. 2 글루건을 이용해서 통조림 캔의 윗부분에 마끈을 붙이고 최대한 촘촘하게 둘둘 감아 내려간다. 3 밑부분도 글루건을 붙여 마무리한다. 4 나머지 통조림 캔 4개도 같은 방법으로 마끈을 감는다. 5 3개의 통조림 캔의 닿는 부분을 글루건으로 고정시킨다. 6 **5**의 통조림 캔 위에 나머지 통조림 캔 2개를 올리고 글루건으로 고정시킨다. 7 각기 다른 필기도구를 꽂아 사용한다.

Classic
The SPAM variety at the heart of it all has held true as reliable, delicious and innovative element for any meal.
340 g

찾아보기

つるつると
そばに

GLOBAL CONVENIENCE FOOD · CAN

CAN통조림

초판 1쇄 인쇄 2016년 4월 8일
초판 1쇄 발행 2016년 4월 15일

발행인 이웅현
발행처 (주)도서출판 도도

전무 최명희
기획 박주희, 김진희
편집·교정 박주희
디자인·일러스트 김진희
제작 손은빈
홍보·마케팅 이인택

요리·스타일링 김수경(스튜디오 잇다)
사진 이민희(2CNE STUDIO)
요리 어시스턴트 이지민, 서진아
그릇 협찬 에델바움(02-706-0350)
타일 협찬 윤현상재(02-540-0145)

출판등록 제300-2012-212호
주소 서울시 중구 충무로 29 아시아미디어타워 503호
전자우편 dodo7788@hanmail.net
문의 02)739-7656

ISBN 979-11-85330-33-4(13590)
정가 14,800원

이 도서의 국립중앙도서관 출판예정도서목록(CIP)은 서지정보유통지원시스템 홈페이지(http://seoji.nl.go.kr)와
국가자료공동목록시스템(http://www.nl.go.kr/kolisnet)에서 이용하실 수 있습니다.
(CIP제어번호: CIP2016008067)